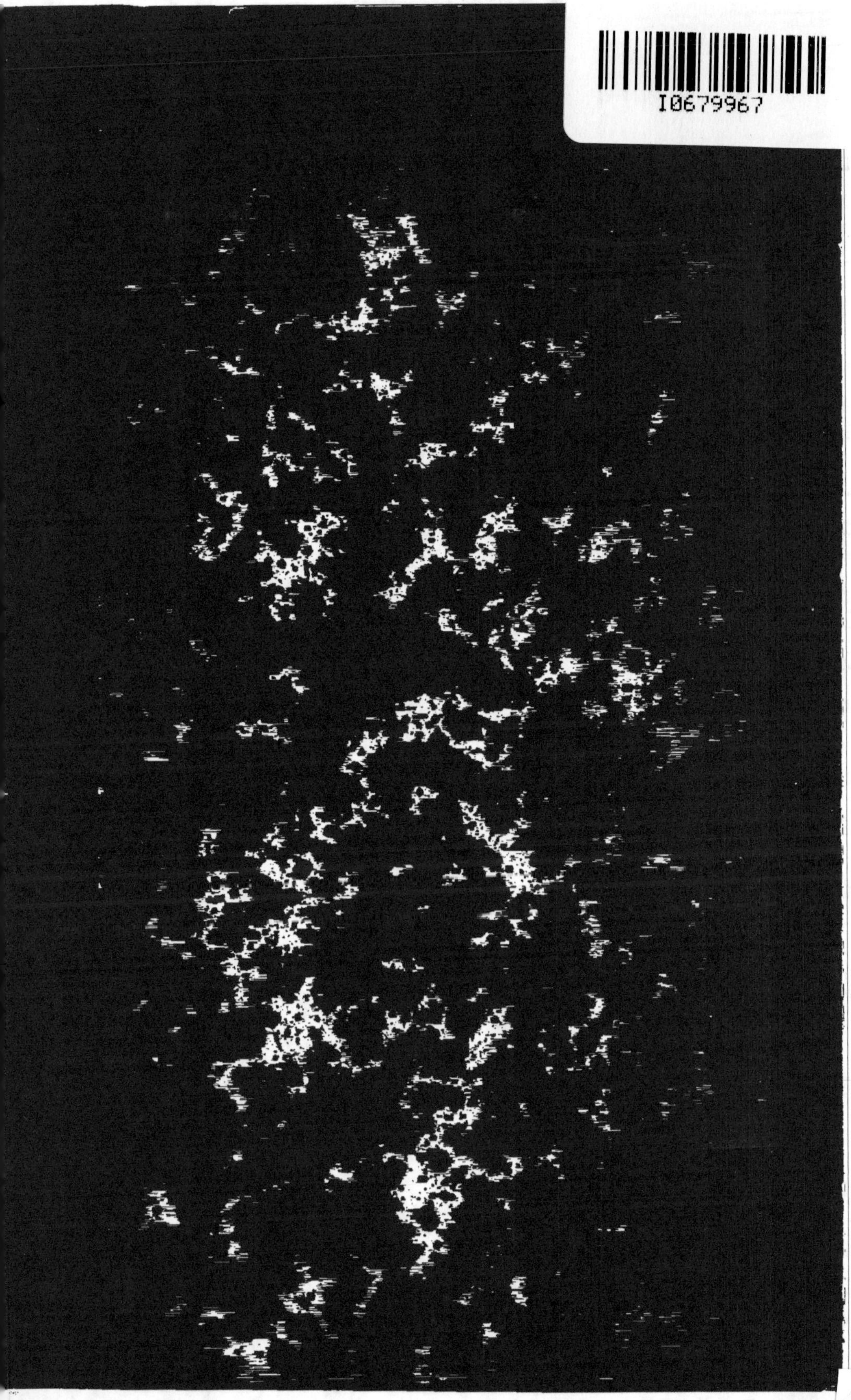

CATALOGUE

RAISONNÉ

DES

ÉCHINIDES FOSSILES

DU

DÉPARTEMENT DE L'AUBE

PAR

M. GUSTAVE COTTEAU

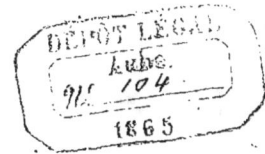

TROYES

DUFOUR-BOUQUOT, IMPRIMEUR DE LA SOCIÉTÉ ACADÉMIQUE DE L'AUBE
Rue Notre-Dame, 43 et 41

—

M D CCC LXV

1865

Les terrains jurassique et crétacé occupent la presque totalité du département de l'Aube, comme on peut le voir en jetant les yeux sur la belle carte géologique publiée, en 1846, par M. Leymerie. Le terrain jurassique ne comprend pas les étages inférieurs et commence seulement avec les assises les plus élevées du Coral-rag. Le terrain crétacé est plus largement développé, et présente la série presque complète des étages depuis le néocomien jusqu'à la craie supérieure. Les corps organisés fossiles sont répandus dans chacune des assises dont se compose ce vaste ensemble : reptiles, poissons, crustacés, briozoaires, mollusques, échinodermes, zoophytes, annélides, végétaux, ont laissé des débris plus ou moins abondants, plus ou moins bien conservés et presque toujours caractéristiques des étages dans lesquels on les rencontre. Certaines localités sont depuis longtemps devenues classiques pour leurs richesses paléontologiques. Qui ne sait le prix que les amateurs attachent aux beaux fossiles du gault de Dienville et de Gérosdot, et aux espèces si variées et souvent si précieuses du néocomien de Marolles ?

Les fossiles de l'Aube ont été l'objet de plusieurs travaux

paléontologiques, sur lesquels il nous paraît utile d'appeler un instant l'attention. En 1833 et 1834, M. Michelin décrivit, dans le *Magasin de zoologie* de M. Guérin, plusieurs espèces du gault et notamment l'*Ammonites Velledæ,* si rare encore aujourd'hui dans les collections (1). Quelques années plus tard, le même savant publia, dans les *Mémoires de la Société géologique de France* (2), la liste des fossiles qu'il avait recueillis au Gaty de Gérosdot, à Montiéramey et à Courcelles; liste très-incomplète assurément, mais cependant intéressante et qui renfermait la description et les figures de plusieurs espèces nouvelles.

En 1841 et 1842, parut un mémoire très-important de M. Leymerie sur le terrain crétacé de l'Aube (3). Ce grand travail, exécuté au double point de vue de la géologie et de la paléontologie, nous fait connaître avec détails les différentes assises dont se compose la craie dans cette région de la France. L'auteur constate soigneusement les horizons stratigraphiques et rattache les faits qui sont le résultat de ses observations à ceux déjà signalés sur certains points du bassin parisien et en Angleterre ; il insiste surtout sur les caractères que présente le terrain néocomien, si peu connu en France à cette époque, et démontre son analogie, pour ainsi dire son identité avec le terrain néocomien de la Suisse. Cent huit espèces nouvelles, déterminées avec le concours de M. Deshayes, sont figurées dans les planches qui accompagnent ce mémoire.

En 1846, M. Leymerie termina la statistique géologique du département de l'Aube (4), ouvrage d'une utilité incontestable, et qui doit servir de point de départ à toutes les observations

---

(1) Michelin, *Descr. d'espèces nouvelles,* Magasin de zoologie, années 1833 et 1834.

(2) Michelin, *Note sur une argile dépendant du gault,* Mém. Soc. géol. de France, t. III, p. 97, pl. XII, 1838.

(3) Leymerie, *Mémoire sur le terrain crét. de l'Aube,* Mém. Soc. géol. de France, t. IV et t. V, 1841-1842.

(4) Leymerie, *Stat. géol. et minér. du département de l'Aube,* 1846.

géologiques qu'on serait tenté de faire sur le sol de ce département. Nous trouvons dans l'atlas le tableau général des fossiles
rencontrés par M. Leymerie, et dont le nombre s'élève à 473.
Mais cette faune, déjà remarquable, était destinée à augmenter
dans une large proportion. Dès 1840, d'Orbigny avait commencé
la publication de la *Paléontologie française*, qu'il continua jusqu'à sa mort, arrivée en 1857 (1). Un grand nombre d'espèces
provenant du terrain crétacé de l'Aube trouvèrent leur place
dans cette vaste publication. D'Orbigny avait à sa disposition la
belle collection de M. le marquis de Vibraye, celle de M. Clé-
ment-Mullet, celle plus riche encore de M. Dupin, d'Ervy, acquise récemment par l'Ecole des Mines de Paris ; il fit, à plusieurs reprises, de fructueuses excursions dans l'Aube, à
Dienville, à Gérosdot, à Ervy et surtout à Marolles-sous-Lignières, où nous eûmes plus d'une fois l'honneur de l'accom-
pagner. Le nom de ces localités revient souvent non-seulement
dans la *Paléontologie française,* mais aussi dans le *Prodrome
stratigraphique* (2), cet immense répertoire de tous les corps
organisés fossiles.

A ces ouvrages généraux, ajoutons quelques travaux plus
modestes. De 1847 à 1865, nous avons publié la description des
Echinides fossiles de l'Yonne (3) ; la proximité des deux pays,
l'identité géologique et paléontologique des couches qui se prolongent d'un département dans l'autre, nous ont engagé à ad-
mettre dans notre travail plusieurs espèces provenant du terrain
jurassique supérieur, ou du terrain crétacé inférieur de l'Aube.
Les espèces kimméridgiennes de Bar-sur-Aube et des Riceys
ont plus particulièrement appelé notre attention, et dans une
notice insérée en 1856, au bulletin de la Société géologique

(1) D'Orbigny, *Paléontologie française, terrains crétacés,* 6 vol. in-8°,
Masson, 1840-1857.

(2) D'Orbigny, *Prodrome de paléont. strat. univers. de tous les anim.
moll. et rayonnés,* 3 vol. in-12, Masson, 1850.

(3) Cotteau, *Etudes sur les Echinides fossiles de l'Yonne,* 2 vol., 1847-
1865.

de France (1), nous avons signalé les types les plus curieux.

Depuis la liste générale donnée, en 1846, par M. Leymerie, la faune fossile de l'Aube s'est enrichie, comme on le voit, d'un grand nombre d'espèces, et il serait assurément très-intéressant d'en relever de nouveau le catalogue. Telle n'est point aujourd'hui notre prétention : nous voulons simplement vous présenter la série des Echinides rencontrés dans le département de l'Aube, et vous montrer leur distribution dans les différentes assises des terrains jurassique et crétacé. Bien que ce travail soit local, et le nombre des espèces relativement assez restreint, nous aurons cependant à mentionner plusieurs types remarquables et très-dignes de votre examen.

La plupart des espèces sont décrites et figurées avec détail soit dans la *Paléontologie française*, soit dans nos *Echinides de l'Yonne*. Nous nous bornerons à renvoyer aux descriptions contenues dans ces deux ouvrages, en insistant seulement sur les caractères particuliers aux échantillons recueillis dans le département.

Il nous a paru inutile d'établir la synonymie complète et détaillée des espèces ; c'eût été allonger inutilement ce mémoire sans profit pour la science ; aussi avons-nous restreint cette synonymie aux travaux relatifs à la région qui nous occupe.

Cette notice se divise en trois parties : la première renferme les espèces jurassiques ; la seconde comprend les Echinides crétacés ; la troisième est réservée à un résumé général et stratigraphique.

(1) Cotteau, *Note sur les Ech. kimméridgiens de l'Aube,* Bull. de la Soc. géol. de France, t. XI, 1854.

CATALOGUE RAISONNÉ

des Echinides fossiles du département de l'Aube.

———

TERRAIN JURASSIQUE.

Ier Genre. DYSASTER, Agassiz, 1836.

Test allongé, renflé, subcylindrique, ordinairement tronqué en arrière. Ambulacres très-disjoints. Tubercules petits, épars. Péristome inégalement circulaire. Périprocte ovale, situé à la face postérieure. Appareil apicial sub-compacte.

Les *Dysaster* diffèrent des *Collyrites* avec lesquels ils ont été longtemps confondus par leur forme subcylindrique et renflée, et surtout par la structure de leur appareil apicial qui est sub-compacte, tandis qu'il est allongé chez les *Collyrites*. C'est en 1854, dans nos *Etudes sur les Echinides de l'Yonne*, que nous avons signalé cette différence d'organisation, et réintégré dans la méthode le genre *Dysaster*.

Ce genre est peu nombreux en espèces ; il se montre surtout dans les étages supérieurs du terrain jurassique et disparaît avec les couches inférieures du terrain crétacé.

No 1. DYSASTER ANASTEROIDES, Leymerie, 1836.

Dysaster anasteroides, Leymerie, *Stat. géol. et minéral. du dép. de l'Aube*, atlas, p. 9, 1846. — *Collyrites granulosa* (non Ag.), Cotteau, *note sur l'ét. kimmérid. du dép. de l'Aube*, Bull. soc. géol. de France, 2e sér., t. XI, p. 357, 1854. — *Dysaster anasteroides*, Cotteau, *Etudes sur les Ech. foss. de l'Yonne*, t. I, p. 336, pl. XLVI, fig. 4-10, 1856.

Cette espèce est plus ou moins renflée en dessus, plus ou moins étroite en arrière et varie beaucoup dans sa taille. Elle peut être considérée comme un des meilleurs types du genre *Dysaster*, qui d'après la diagnose que nous avons donnée en 1856, et que M. Desor a adoptée depuis, diffère si nettement des *Collyrites*. En raison de l'extrême ténuité de son test, le *Dysaster anasteroides* se rencontre le plus souvent écrasé et déformé.

Cependant, au milieu des marnes des environs de Bar-sur-Aube, nous avons recueilli certains exemplaires d'une admirable conservation, laissant voir tous les détails du test et de l'appareil apicial.

LOCALITÉS. — Bar-sur-Aube, Les Riceys, Longchamps, Clairvaux. Assez abondant. Etage kimméridgien.

Musée de Troyes, coll. Deloisy, ma collection.

LOC. AUTRES QUE L'AUBE. — Chablis (Yonne); Maranville, Champcourt (Haute-Marne).

IIᵉ Genre. PYGURUS, Agassiz, 1839.

Test de grande taille, clypéiforme ou discoïde, arrondie et échancrée en avant, le plus souvent sub-rostrée en arrière, plus ou moins renflée en dessus, fortement pulvinée en dessous. Sommet subcentral. Ambulacres pétaloïdes larges, à fleur du test, effilés à leur extrémité. Ambulacre impair sensiblement plus étroit que les autres. Tubercules petits, serrés, scrobiculés. Péristome pentagonal, excentrique en avant, entouré d'un floscelle très-prononcé, composé de larges phyllodes, alternant avec de gros bourrelets. Périprocte infra-marginal placé au milieu d'une aréa distincte. Appareil apicial compacte.

Le genre *Pygurus* renferme un assez grand nombre d'espèces appartenant aux terrains jurassique et crétacé.

Nᵒ 2. PYGURUS JURENSIS, Marcou, 1848.

Pygurus jurensis, Marcou, *rech. géol. sur le Jura Salinois*, Mém. soc. géol. de France, 2ᵉ sér., t. III, p. 114, 1848. — *Id.*, Etallon, *rayonnés du terr. juras. sup. des envir. de Montbéliard*, p. 15, pl. I, fig. 1, 1860. — *Id.*, Etallon, *Lethœa Bruntrutana*, p. 298, pl. XLIV, fig. 2, 1861.

Cette espèce, que caractérisent sa taille moyenne, sa forme subpentagonale, très-fortement rostrée en arrière, son sommet subcentral, ses aires ambulacraires effilées et cessant d'être pétaloïdes à quelque distance du bord, ses aires interambulacraires postérieures dépourvues de sinus latéraux, est assez abondante dans le terrain jurassique supérieur de la Haute-Saône et du Jura, mais n'avait pas encore été signalée dans la région qui nous occupe. Les exemplaires de l'Aube et de l'Yonne, que nous croyons devoir lui réunir, diffèrent du type par leur taille ordinairement plus petite, leur face supérieure plus élevée, subconique, leur face inférieure profondément concave et leur péristome entouré d'un floscelle assez apparent. — Le *Pygurus nasutus* de Tonnerre, mentionné pour la première fois par d'Orbigny, en 1850 (1), et décrit dans nos *Etudes sur les Echinides de l'Yonne* (2), n'est probablement qu'une variété allongée du *Pygurus Jurensis*.

Localité. — Gyé-sur-Seine. Rare. Etage kimméridgien.

Collection Babeau, ma collection.

Loc. autres que le dépt de l'Aube. — Tonnerre, Chablis (Yonne) ; Porrentruy (Suisse). Etage kimméridgien. — Gray (Haute-Saône); Suzeau près Salins (Jura). Etage portlandien.

No 3. Pygurus Royerianus, Cotteau, 1854.

Pygurus Royerianus, Cotteau, *Note sur les Ech. de l'ét. kimméridgien de l'Aube*, Bull. soc. géol de France, t. XI, p. 356, 1854. — *Id.*, Cotteau, *Etudes sur les Ech. de l'Yonne*, t. I, p. 332, pl. XLVI, fig. 1-3, 1856. — *Id.*, Cotteau, *Note sur les Ech. du terrain jurass. sup. de la Haute-Marne*, Bull. soc. géol. de France, t. XIII, p. 818, 1856.

Il se pourrait que cette espèce fût une simple variété du *Pygurus Blumenbachi* qu'on rencontre ordinairement à un horizon plus inférieur ; elle nous a paru s'en distinguer par sa forme ordinairement plus large que longue, par sa face supérieure plus déprimée et plus régulièrement convexe. Ce dernier caractère lui donne beaucoup de ressemblance avec le *Pygurus Bonanomii*, Etallon, du kimméridgien de Porrentruy et de Montbéliard (3), et qui, malgré sa taille plus forte, devra probablement être réuni à l'espèce qui nous occupe.

Localité. — Les Riceys. Rare. Etage kimméridgien.

Ma collection.

Loc. autres que le dépt de l'Aube. — Chablis, Tonnerre

(1) D'Orbigny, *Prod. de Paléont. strat.*, t. II, p. 26, 14e ét., n° 408, 1850.

(2) Cotteau, *Etudes sur les Echin. du dép. de l'Yonne*, t. I, p. 244, pl. XXXVII, fig. 1-2, 1855.

(3) Etallon, *Rayonnés du terr. jurass. sup. des environs de Montbéliard*, p. 15, pl. I, fig. 2, 1860. — *Lethœa Bruntrutana*, p. 296, pl. XLIII, fig. 2, 1860.

(Yonne) ; Bouzancourt (Haute-Marne) ; Le Havre (Seine-Inférieure).

Nº 4. PYGURUS HAUSMANNI, Agassiz, 1847.

(Koch et Dunker, 1837.)

Clypeaster Hausmanni, Koch et Dunker, *loc. cit.*, p. 38, pl. IV, fig. 3, 1837. — *Id.*, Leymerie, *loc. cit.*, atlas, p. 8, 1846. — *Pygurus Hausmanni*, Agassiz et Desor, *Catal. rais. des Ech.*, ann. sc. nat., t. VII, p. 162, 1847. — *Id.*, Cotteau, *Note sur les Ech. kimméridgiens du dép. de l'Aube*, Bull. soc. géol. de France, t. XI, p. 356, 1854. — *Id.*, *Etudes sur les Ech. foss. de l'Yonne*, t. I, p. 328, 1856.

Cette espèce, remarquable par sa grande taille, sa forme sub-circulaire, allongée, sa face supérieure déprimée, ses aires ambulacraires conservant jusqu'à l'ambitus leur forme pétaloïde, sa face inférieure presque plane, ne saurait être confondue avec aucun de ses congénères. Bien que le département de l'Aube ne nous ait fourni jusqu'ici que des fragments assez incomplets de cette espèce, nous n'avons pas d'incertitude sur leur identité spécifique.

LOCALITÉS. — Longchamps, Polisot. Rare. Etage corallien sup. (calcaire à astartes.)

Collection Leymerie, Royer.

LOC. AUTRES QUE L'AUBE. — Coulanges-sur-Yonne (Yonne) ; Champlitte (Haute-Saône), etc.

Nº 5. PYGURUS BLUMENBACHI, Agassiz, 1847.

(Koch et Dunker, 1837.)

Clypeaster Blumenbachi, Koch et Dunker, *Norddeutschen Oolithgebildes*, p. 37, pl. IV, fig. 1, 1837. — *Pygurus Blumenbachi*, Agassiz , *Catal. rais. des Ech.*, Ann. sc. nat., 3ᵉ sér., t. VII, p. 162, 1847. — *Id.*, Cotteau, *Etudes sur les Ech. foss. de l'Yonne*, t. I, p. 233, pl. XXXV et XXXVI, 1856. — *Id.*, *Note sur les Ech. du terrain jur. sup. de la Haute-Marne*, Bull. soc. géol. de France, 2ᵉ sér., t. XIII, p. 817, 1856.

Le *Pygurus Blumenbachi*, si souvent décrit et figuré par les auteurs, est parfaitement caractérisé par sa forme carrée, arrondie en avant, munie en arrière d'un rostre proéminent, très-fortement pulvinée en dessous, par son sommet ambulacraire saillant, très-excentrique, ses pétales gracieusement lancéolées, aigus à l'extrémité, l'impaire toujours plus étroit que les autres, son péristome entouré de bourrelets saillants, son périprocte allongé et pyriforme. Les exemplaires qu'on rencontre dans l'Aube, malgré quelques différences dans leur forme générale, la position du sommet et la largeur de leurs pétales ambulacraires, ne sauraient être distingués du type qu'on rencontre si admirablement conservé dans les carrières du Coral-rag de Tonnerre.

LOCALITÉS. — Arconville, Baroville, Bayel, Assez rare. Corallien sup.

Musée de Troyes, ma collection.

LOC. AUTRES QUE L'AUBE. — Chatel-Censoir, Coulanges-sur-Yonne (Yonne) ; Abbotsbury (Angleterre). Coral-rag inf. — Bailly, Thury, Tonnerre (Yonne); Colombey-les-Deux-Eglises (Haute-Marne) ; Laufon (Jura Soleurois). Coral-rag sup.|

IIIᵉ Genre. HOLECTYPUS, Desor, 1842.

Test de taille moyenne, subcirculaire, légèrement pentagonal, plus ou moins conique en dessus, presque plane en dessous. Ambulacres simples, convergeant en droite ligne du sommet au péristome. Tubercules crénelés, perforés, disposés en séries multiples et régulières, toujours beaucoup plus gros à la face inférieure. Péristome central, circulaire, décagonal, muni de mâchoires et d'auricules. Périprocte très-grand, pyriforme, situé entre le péristome et le bord postérieur. Appareil apical compacte. Le genre *Holectypus* présente deux groupes très-remarquables : l'appareil apical tantôt est muni de cinq plaques génitales perforées, tantôt de quatre seulement ; cette division est d'autant plus importante à noter que jusqu'ici toutes les espèces crétacées appartiennent sans exception au premier de ces groupes, tandis que toutes les espèces jurassiques font partie du second.

Le genre *Holectypus* commence à se montrer avec les couches inférieures du terrain jurassique où il est abondamment répandu ; il existe également à l'époque crétacée, mais ne s'élève pas au-dessus des couches moyennes.

N° 6. HOLECTYPUS CORALLINUS, d'Orbigny, 1850.

Galerites depressus, Leymerie, *loc. cit.*, atlas, p. 8, 1846. — *Holectypus Corallinus,* d'Orbigny, *Prod. de Paléont. stat.*, t. II, p. 26, 14ᵉ ét., n° 412, 1850. — *Id.*, Cotteau, *Etudes sur les Ech. foss. du dép. de l'Yonne,* t. I, p. 211 et 325, pl. XXXII, fig. 1-5, (excl. fig. 6-9?), 1853. — *Id.*, Cotteau, *Note sur les Ech. de l'ét. kimméridgien du dép. de l'Aube,* Bull. soc. géol. de France, t. XI, p. 355, 1854. — *Id.*, Cotteau, *Note sur les Ech. du terr. juras. sup. de la Haute-Marne,* Bull. soc. géol. de France, t. XIII, p. 818, 1856.

Nous rapportons provisoirement les *Holectypus* de l'étage kimméridgien de l'Aube à l'*Holectypus Corallinus,* que nous avons décrit et figuré dans nos *Echinides de l'Yonne.* Peut-être l'*Holect. Corallinus* devra-t-il être réuni à l'*Holect. Meriani* qui caractérise les couches jurassiques supérieures de la Suisse et du Jura, et n'est probablement lui-même qu'une variété de l'*Holect. depressus.*

Le Musée de Troyes possède un exemplaire de cette espèce recueilli dans l'étage kimméridgien des Riceys, et très-remarquable par sa grande taille, sa face supérieure épaisse et renflée sur les bords, élevée, conique, subacuminée au sommet. Malheureusement la face inférieure est en grande partie empâtée dans la roche, et ne permet pas de voir la place occupée par le périprocte. Malgré sa forme anormale, nous avons cru devoir, quant à présent, séparer cet échantillon de l'*Holectypus Corallinus.*

LOCALITÉS. — Gyé-sur-Seine, Les Riceys, Bar-sur-Aube, Baroville. Assez rare. Etage kimméridgien.

Musée de Troyes, collection Babeau, Deloisy, ma collection.

LOC. AUTRES QUE L'AUBE. — Marbeville (Haute-Marne) ; Chablis, Tonnerre, Lain (Yonne) ; environs de Gray (Haute-Saône) ; Montbéliard, Béthoncourt (Doubs); Le Havre (Seine-Inférieure) ; Courgenay près Porrentruy (Suisse).

IVᵉ Genre. ACROSALENIA, Agassiz, 1840.

Test de petite et moyenne taille, subpentagonal, médiocrement renflé en dessus, presque plane en dessous. Pores simples.

Ambulacres droits. Tubercules ambulacraires et interambula-craires crénelés et perforés. Péristome décagonal, largement ouvert, marqué de fortes entailles. Périprocte excentrique en arrière, situé dans l'axe de l'animal. Appareil apicial granuleux, subpentagonal, plus ou moins allongé, composé de cinq plaques génitales et de cinq plaques ocellaires perforées, et d'une ou plusieurs plaques suranales imperforées ; la plaque génitale antérieure de droite présente un aspect madréporiforme assez prononcé. Radioles très-allongés, subcylindriques, aciculés, lisses en apparence, couverts de stries fines et longitudinales.

Le genre *Acrosalenia* est surtout abondant dans les étages inférieurs du terrain jurassique ; il existe encore au commencement de l'époque crétacée, mais il s'éteint avec les couches inférieures de l'étage néocomien (valangien, Desor).

N° 7. Acrosalenia decorata, Wright, 1851.

Acrosalenia decorata, Cotteau, *Note sur les Ech. de l'ét. kimméridgien du dép. de l'Aube*, Bull. soc. géol. de France, 2ᵉ sér., t. XI, p. 355, 1854. — Id., Cotteau, *Etudes sur les Ech. foss. du dép. de l'Yonne*, t. I, p. 322, 1856. — Id., *Note sur les Ech. de l'Et. kimm. de la Haute-Saône*, Bull. soc. géol. de France, t. XVII, p. 869, 1860.

Malgré sa petite taille, l'exemplaire recueilli dans l'Aube ne nous laisse aucun doute sur son identité spécifique. L'appareil apicial n'est pas conservé, mais son empreinte est allongée, subpentagonale, et se prolonge au milieu de l'aire interambula-craire impaire.

Cette jolie espèce occupe plusieurs niveaux géologiques bien distincts. Signalée pour la première fois, en Angleterre, dans le Coral-rag inférieur de Calne et de Malton, elle a été rencontrée depuis au même horizon à Trouville, à Champlitte, à Valfin, à Ecommoy ; elle descend plus bas encore, et dans nos *Echinides de la Sarthe* (1), nous avons décrit et figuré un exemplaire provenant de l'étage callovien de Domfront. L'individu que nous avons recueilli dans l'Aube et un autre trouvé, il y a quelques années, dans les couches kimméridgiennes de Chargey, près

(1) Cotteau et Triger, *Echinides du dép. de la Sarthe*, p. 354, pl. LIX, fig. 9-13, 1861.

Gray (Haute-Saône) (1), nous montrent que cette espèce remonte jusque dans le terrain jurassique supérieur. Nous insistons sur ces passages, d'autant plus utiles à signaler, que la plupart des Echinides, suivant en cela une loi paléontologique presque constante, paraissent se cantonner dans les étages qui leur sont propres.

LOCALITÉ. — Bar-sur-Aube. Très-rare. Etage kimméridgien.

Ma collection.

LOC. AUTRES QUE L'AUBE. — Domfront (Sarthe), étage callovien. — Trouville (Calvados); Ecommoy (Sarthe); Champlitte (Haute-Saône; Valfin (Jura); Calne, Malton (Angleterre). Etage corallien. — Chargey près Gray (Haute-Saône); Porrentruy (Suisse). Etage kimméridgien.

Ve Genre. CIDARIS, Klein, 1734.

Test de taille variable, subcirculaire, plus ou moins élevé, déprimé en dessus et en dessous. Zônes porifères subonduleuses; pores simples. Ambulacres étroits, garnis de plusieurs rangées de granules. Tubercules interambulacraires largement développés, scrobiculés, perforés ou imperforés, à base lisse ou crénelée, formant deux rangées dans chacune des aires. Péristome subcirculaire, sans entailles, muni à l'intérieur de fortes auricules. Appareil apicial peu solide, assez étendu, granuleux, subcirculaire. Radioles très-variables, allongées, cylindriques, quelquefois glandiformes, souvent comprimées et prismatiques, garnies de côtes, d'épines, de granules éparses ou disposées en séries linéaires.

De tous les Echinides, le genre *Cidaris* est celui qui a persisté le plus longtemps : il commence à se développer dans les couches pénéennes; depuis cette époque il multiplie ses espèces dans tous les étages des terrains jurassique, crétacé et tertiaire, et, aujourd'hui encore, il existe dans nos mers, sous presque toutes les latitudes.

---

(1) Cotteau, *Note sur les Ech. de l'étage kimméridgien de la Haute-Saône*, Bull. soc. géol. de France, 2e sér., t. XVII, p. 869, 1860.

N° 8. Cidaris florigemma, Phillips, 1829.

Cidaris florigemma, Phillips, *Geol. of Yorkshire*, p. 147, pl. III, fig. 12 et 13, 1829. — *Cidaris Blumenbachi*, Cotteau, *Etudes sur les Ech. foss. de l'Yonne*, t. I, p. 108, pl. X, fig. 7 et 8 (radioli non testa), 1849. — *Id.*, Desor, *Synop. des Ech. foss.*, p. 5, pl. III, fig. 15, 1854. — *Id.*, Leymerie et Raulin, *Stat. géol. et minér. de l'Yonne*, p. 620, 1858.

Le test de cette espèce n'a point été rencontré dans le département de l'Aube, mais seulement les radioles ; ils sont de grande taille, allongés, cylindriques, ordinairement un peu renflés vers la base, garnis de granules égaux, homogènes, uniformément espacés, reliés entre eux par un petit filet apparent, et forment, sur toute la tige, des séries longitudinales très-régulières. Au sommet du radiole ces granules s'allongent et rayonnent en forme d'étoiles. La collerette est courte, étranglée, distincte, la facette articulaire étroite et crénelée.

Très-abondamment répandus dans les couches inférieures de l'étage corallien (calcaires à chailles), les radioles du *Cidaris florigemma* s'élèvent beaucoup plus haut.

L'échantillon parfaitement caractérisé que nous a communiqué M. Deloisy prouve que cette espèce se retrouve jusque dans les assises les plus supérieures du coral-rag.

Localité. — Bayel. Rare. Coral-rag sup.

Coll. Deloisy.

Loc. autres que l'Aube. — Partout où l'étage corallien a été signalé.

N° 9. Cidaris philastarte, Thurmann (in Desor), 1856.

Cidaris marginata (non Goldf), Leymerie, *loc. cit.*, atlas, p. 8, 1846. — *Cidaris philastarte*, Desor, *Synops. des Ech. foss.*, p. 6, 1856. — *Id.*, Etallon, *rayonnés des env. de Montbéliard*, p. 20, pl. II, fig. 7, 1860. — *Id.*, Etallon, *Lethæa Bruntrutana*, p. 335, pl. XLVIII, fig. 15, 1862.

Le *Cid. philastarte*, Thurmann, a été mentionné pour la première fois dans le *Synopsis des Echinides fossiles* par M. Desor, avec une diagnose de quelques mots. M. Etallon, un peu plus tard, a décrit et figuré les radioles et quelques plaques isolées : l'espèce est donc très-imparfaitement connue, et ce n'est pas sans hésitation que nous lui rapportons un fragment de test, assez complet du reste, rencontré dans les calcaires coralliens supérieurs des Riceys, et remarquable par sa forme un peu élevée, ses ambulacres très-flexueux, étroits, garnis de deux rangées de granules un peu inégaux, au milieu desquels viennent s'intercaler, vers l'ambitus, deux autres rangées irrégulières. Ses tubercules interambulacraires, au nombre de sept par série, lisses ou finement crénelés, subelliptiques, entourés d'un cercle très-apparent de granules et séparés par une zône miliaire étroite. Cette espèce est voisine du *Cidaris baculifera*, Agassiz, et du *C. Cotteaui*, Etallon, qu'on rencontre à peu près au même horizon ; elle paraît se distinguer du premier par ses plaques moins granuleuses et mois longues, par ses tubercules entourés d'un cercle subcirculaire très-prononcé, et du second par ses aires ambulacraires beaucoup plus flexueuses. Les radioles qui, mieux encore que le test, peuvent aider à séparer ces trois espèces, n'ont pas encore été recueillis dans l'Aube.

LOCALITÉ. — Les Riceys. Rare. Calcaire à astartes.

Ma collection.

LOC. AUTRES QUE L'AUBE. — Environs de Porrentruy (Suisse).

VIᵉ Genre. RHABDOCIDARIS, Desor, 1855.

Test ordinairement de grande taille, circulaire, renflé, plus ou moins élevé. Zônes porifères, subonduleuses ; pores simples, ovales, unis par un sillon subflexueux et séparés par un petit bourrelet transversal. Tubercules interambulacraires très-gros, tantôt fortement crénelés, tantôt lisses, entourés d'un scrobicule toujours peu déprimé, souvent elliptique. Zône miliaire large, granuleuse. Péristome subcirculaire.

Radioles robustes, épais, allongés, cylindriques, prismatiques ou comprimés, garnis de dentelures ou d'épines saillantes. bouton très-gros ; facette articulaire marquée de profondes crénelures, quelquefois lisse.

Le genre *Rhabdocidaris*, caractérisé surtout par la structure de ses pores ambulacraires, comprend des espèces jurassiques, crétacées et tertiaires.

N° 10. Rhabdocidaris Orbignyana, Desor, 1855.

(*Cid.* Agassiz, 1840.)

Cidaris tripterygia, Ag., Leymerie, *loc. cit.*, atlas, p. 8, pl. IX, fig. 3, 1846. *Cidaris sub-nobilis*, Leymerie, *id.* — *Cidaris Orbignyana*, Cotteau, *Note sur les Ech. de l'étage kimméridgien de l'Aube*, Bull. soc. géol. de France, 2ᵉ sér., t. XI, p. 352, 1854. — *Rhabdocidaris Orbignyana*, Des., Cotteau, *Etudes sur les Ech. foss. de l'Yonne*, t. I, p. 286, pl. XLI, fig. 1-7. — *Id.*, *Note sur les Ech. du terrain juras. sup. de la Haute-Marne*, Bull. soc. géol. de France, 2ᵉ sér., t. XIII, p. 818, 1856. — *Id.*, *Note sur les Ech. de l'ét. kimméridgien de la Haute-Saône*, Bull. soc. géol. de France, 2ᵉ sér., t. XVII, p. 869, 1860.

Cette espèce atteint de très-grandes proportions et peut être considérée comme un des plus beaux types du genre *Rhabdocidaris*. L'échantillon que nous avons fait figurer dans nos *Echinides de l'Yonne* a 67 millimètres de hauteur, et son diamètre transversal est de 92 millimètres ; il provient des Riceys, et je le dois à l'obligeance de M. Jules Ray, notre collègue. Les radioles de cette espèce, désignés dans l'origine sous le nom de *Cidaris tripterygia*, sont remarquables par leur grande taille, leur tige allongée, triangulaire, souvent comprimée et élargie à leur extrémité en forme de spatule, garnie d'épines plus ou moins acérées.

Le *Cidaris subnobilis* de M. Leymerie est un individu jeune du *Rhabdocidaris Orbignyana*.

Localités. — Bar-sur-Aube, Fontaine, Baroville, les Riceys. Assez abondant, les radioles surtout. Etage kimméridgien.

Musée de Troyes, ma collection.

Loc. autres que l'Aube. — Angoulin près La Rochelle (Charente-Inférieure). Etage corallien. — Blaise (Haute-Marne) ; Chargey, Lavoncourt (Haute-Saône) ; Montfaucon (Meuse) ; Le Havre, Villeville (Seine-Inférieure). Assez commun. Etage kimméridgien.

VIIᵉ Genre. Hemicidaris, Agassiz, 1840.

Test de moyenne taille, plus ou moins renflé en dessus, presque plane en dessous. Pores simples. Ambulacres plus ou

2

moins flexueux, quelquefois très-étroits à la face supérieure, s'élargissant vers l'ambitus, garnis à l'ambitus de petits tubercules crénelés et perforés. Tubercules interambulacraires très-gros, fortement crénelés et perforés. Péristome grand, subdécagonal, muni de fortes entailles. Périprocte subcirculaire. Appareil apicial solide, pentagonal, un peu saillant au-dessus du test.

Radioles épais, robustes, tantôt cylindriques et allongés, tantôt en forme de gland ou de massue, le plus souvent finement striés dans le sens de la longueur, quelquefois recouverts de granules atténués.

Le genre *Hemicidaris* atteint son maximum de développement à l'époque jurassique et disparaît avec les couches inférieures du terrain crétacé.

N° 11. Hemicidaris Purbeckensis, Forbes, 1850.

Hemicidaris Purbeckensis, Forbes, *Memoirs of Geol. surv.*, Dec. III, pl. V, 1850. — *Hemicidaris Robinaldina*, Cotteau, *Catal. méth. des Ech. de l'ét. néocom.*, Bull. soc. des sc. hist. et nat. de l'Yonne, t. V, p. 283, 1851. — *Hemicid. Purbeckensis*, Cotteau, *Note sur les Ech. de l'étage kimméridgien de l'Aube*, Bull. soc. géol. de France, 2ᵉ sér., t. XI, p. 353, 1853. — *Id.*, Cotteau, *Etudes sur les Ech. du dép. de l'Yonne*, t. I, p. 300, pl. XLV, fig. 1-4, 1856. — *Id.*, Cotteau, *Note sur les Ech. du terrain jurass. sup. de la Haute-Marne*, Bull. soc. géol., 2ᵉ sér., t. XIII, p. 818, 1856.

Nous ne reviendrons pas sur la description que nous avons donnée de cette espèce, dans nos *Etudes des Echinides de l'Yonne :* l'exemplaire figuré provient des couches kimméridgiennes de l'Aube; bien qu'il diffère par quelques caractères sans importance du type anglais de l'*Hemicidaris Purbeckensis*, nous n'hésitons pas à maintenir le rapprochement que nous avons établi alors.

Localité. — Les Riceys. Très-rare. Etage kimméridgien.

Musée de Troyes, ma collection.

Loc. autres que l'Aube. — Girey (Haute-Marne); Saint-Sauveur (Yonne). — Purbeck (Dorsetshire).

N° 12. Hemicidaris Desoriana, Cotteau, 1856.

Hemicidaris Desoriana, Cotteau, *Etudes sur les Echin. foss. du dép. de l'Yonne*, t. I, p. 305, pl. XLIII, fig. 1-6, 1856. — *Id.*, Cotteau, *Note sur les Ech. du terr. jurass. sup. de la Haute-Marne*, Bull. soc. géol. de France, 2ᵉ sér., t. XIII, p. 817, 1856. — *Id.*, Cotteau, *Note sur les Ech. de l'étage kimméridgien de la Haute-Saône*, Bull. soc. géol. de France, 2ᵉ sér., t. XVII, p. 870, 1860.

L'*Hemicidaris Desoriana* sera toujours facilement reconnaissable à sa forme déprimée, à ses ambulacres presque droits et dépourvus de gros tubercules à leur base. — L'*Hemicidaris complanata* décrit et figuré par M. Etallon, dans le *Lethæa Bruntrutana*, de Thurmann, ne nous paraît différer par aucun caractère essentiel de l'espèce qui nous occupe.

Localités. — Bar-sur-Aube, Les Riceys. Assez rare. Etage kimméridgien.

Musée de Troyes, coll. Royer, ma collection.

Loc. autres que l'Aube. — Cirey (Haute-Marne) ; Arc (Haute-Saône) ; environs de Tonnerre (Yonne).

N° 13. Hemicidaris Ricetensis, Cotteau, 1856.

Hemicidaris Ricetensis, Cotteau, *Etudes sur les Ech. du dép. de l'Yonne*, t. I, p. 298, pl. XLII, fig. 1-4, 1856.

Cette petite espèce, décrite et figurée pour la première fois dans nos *Echinides de l'Yonne*, n'est peut-être qu'une variété jeune de l'*Hemicidaris Hoffmanni ;* elle nous paraît cependant s'en distinguer par ses ambulacres plus étroits à la face supérieure et par son péristome relativement plus ouvert.

Localité. — Les Riceys. Très-rare. Etage kimméridgien inférieur (calcaire à astartes).

Ma collection.

N° 14. Hemicidaris Gresslyi, Etallon, 1861.

Hemicidaris Wrighti (non Desor), Cotteau, *Etudes sur les Ech. foss. du dép. de l'Yonne*, t. I, p. 294, pl. XLII, fig. 5-11, 1856. — *Hypodiadema*

Wrighti, Desor, *Synops. des Ech. foss.*, p. 442, 1860. — *Hemicidaris Gresslyi*, Etallon, *Lethœa Bruntrut.*, p. 328, pl. XLVIII, fig. 4, 1861.

Cette espèce, que caractérisent sa forme épaisse et renflée, ses ambulacres presque droits, garnis de tubercules très-petits, uniformes, augmentant à peine de volume à la face inférieure et vers l'ambitus, appartient au genre *Hypodiadema* de M. Desor, que nous considérons comme un simple groupe du grand genre *Hemicidaris* (1).

Quand nous avons décrit cette espèce dans nos *Echinides de l'Yonne,* nous lui avons donné le nom de *Wrighti,* ignorant que M. Desor, un peu avant nous, avait, sous ce même nom, dédié un autre *Hemicidaris* au savant professeur de Chetelnam (2). Notre nom de *Wrighti* devait être abandonné ; nous l'avons remplacé par celui de *Gresslyi,* assigné p r M. Etallon à cette même espèce.

LOCALITÉ. — Les Riceys. Assez abondant, dans une couche calcaire située à la base de l'étage kimméridgien et qui nous paraît correspondre au calcaire à astartes. Les échantillons que nous connaissons sont imprégnés de fer et contrastent par leur couleur rougeâtre avec le calcaire blanc qui les empâte. Il se pourrait que la couche qui les renferme appartînt à l'étage corallien supérieur.

Ma collection.

LOC. AUTRE QUE L'AUBE. — Porrentruy (Suisse).

No 15. HEMICIDARIS HOFFMANNI, Desor, 1855.

Cidarites Hoffmanni, Rœmer, *Norddeutsch. Oolithe,* pl. 1, fig. 18, 1840. — *Hemicidaris Hoffmanni,* Desor, *Synops. des Ech. foss.,* p. 53, 1855. — Id., Dolfuss, *Faune kimméridgienne du cap La Hève,* p. 28 et 89, pl. XVIII, fig. 10-13, 1863.

C'est la première fois que nous mentionnons l'*Hemicidaris Hoffmanni* dans la région qui nous occupe. L'échantillon que nous rapportons à cette espèce présente, malgré sa petite taille, dans sa forme générale, dans la structure de ses ambulacres

(1) Cotteau, *Paléont. française, terrain crétacé,* t. VII, p. 381, 1863.

(2) *Synops. des Ech. fossiles,* p. 54, 1855.

garnis, vers la base, de tubercules apparents, dans la disposition de ses gros tubercules et des granules qui les accompagnent, beaucoup de ressemblance avec l'espèce figurée par Rœmer.

LOCALITÉ. — Les Riceys. Très-rare. Etage kimméridgien.

Ma collection.

LOC. AUTRES QUE L'AUBE. — Environs de Neufchâtel, Cap-la-Hève (Seine-Inférieure) ; Spielberg (Hanovre) ; Fritzow (Poméranie).

N° 16. HEMICIDARIS PISUM, Cotteau, 1865.

Pl. I, fig. 1-6.

Acrosalenia pisum, Cotteau in Desor, *Synops. des Ech. foss.,* p. 143, 1856.
— *Id.,* Cotteau, *Etudes sur les Ech. de l'Yonne,* t. I, p. 320, pl. XLIII, fig. 7-14, 1856.

Cette espèce, dont nous avons déjà donné la description et les figures dans nos *Etudes sur les Echinides fossiles de l'Yonne,* est remarquable par sa petite taille, sa forme renflée et souvent sub-conique, ses zônes porifères droites, ses aires ambulacraires garnies de deux rangées de très-petits tubercules crénelés et perforés, assez largement espacés, partout d'égale grosseur, si ce n'est cependant vers le pourtour du test, où ils sont un peu plus apparents, accompagnés de granules épars et assez abondants, par ses tubercules interambulacraires très-développés, crénelés, surmontés d'un mamelon perforé, relativement très-petit et à peine saillant, au nombre de six à sept par rangée, diminuant rapidement de volume à la face supérieure.

Lorsque nous avons décrit cette espèce pour la première fois, nous ne connaissions que très-imparfaitement la structure de son appareil apicial, et ce n'est pas sans quelque doute que nous avions placé nos échantillons dans le genre *Acrosalenia.* Depuis, nous avons rencontré des exemplaires plus complets. Leur appareil, composé de cinq plaques génitales et de cinq plaques ocellaires et dépourvu de plaque suranale, nous a démontré que cette espèce appartenait au genre *Hemicidaris* et faisait partie du groupe des *Hypodiadema* que caractérisent, comme nous l'avons établi dans la *Paléontologie française*, leurs ambulacres presque droits, garnis de tubercules très-peu développés vers l'ambitus, et diminuant à peine de volume au fur et à mesure qu'ils se rapprochent du sommet.

LOCALITÉ.— Environs de Bar-sur-Aube. Très-rare. Etage kimméridgien.

Coll. Deloisy.

LOCALITÉS AUTRES QUE L'AUBE. — Tonnerre (Yonne). Etage kimméridgien. — Cirey (Haute-Marne). Etage portlandien.

EXPL. DES FIGURES. — Pl. I, fig. 1, *Hemicidaris pisum*, de ma collection, vu de côté ; fig. 2, face sup.; fig. 3, face inf.; fig. 4, aire ambulacraire grossie ; fig. 5, plaque interambulacraire grossie ; fig. 6, appareil apicial grossi.

N° 17. HEMICIDARIS LEYMERIEI, Cotteau, 1865.

Pl. I, fig. 7-11.

Espèce de taille moyenne, subcirculaire, renflée en dessus, un peu arrondie sur les bords, presque plane en dessous. Zones porifères très-onduleuses surtout aux approches du sommet, composées de pores arrondis, séparés par un petit renflement granuliforme, se multipliant d'une manière sensible autour du péristome. Aires ambulacraires étroites et fortement resserrées à la face supérieure par les zones porifères, plus larges et légèrement renflées vers l'ambitus, garnies de deux rangées de tubercules assez gros, crénelés, perforés, au nombre de cinq à six par série, cessant brusquement au-dessus de l'ambitus, et remplacés alors par une double rangée de granules mamelonnés. Ces deux rangées se resserrent à la face supérieure et se réduisent à une seule série qui s'atténue et disparaît pour ainsi dire complètement aux approches de l'appareil apicial. De petits granules épars, inégaux et peu abondants accompagnent les deux rangées de tubercules et de granules. Aires interambulacraires pourvues de deux rangées de tubercules très-gros surtout à la face supérieure, saillants, crénelés, perforés, au nombre de cinq à six par série, entourés de larges scrobicules qui se touchent par la base. Granules intermédiaires peu abondants, homogènes, disposés en cercles interrompus autour des tubercules. Péristome grand, à fleur du test, marqué de profondes entailles. Péripropte subcirculaire. Appareil apicial subpentagonal, solide, granuleux, légèrement saillant ; plaques ocellaires très-petites et subtriangulaires.

Hauteur, 20 millimètres ; diamètre, 40 millimètres.

Au fur et à mesure que cette espèce grandit, le nombre des tubercules interambulacraires augmente, et les ambulacres paraissent un peu moins flexueux.

RAPPORTS ET DIFFÉRENCES. — Cette belle espèce se distingue par l'ensemble de ses caractères de tous les *Hemicidaris* que nous connaissons. Sa physionomie générale la rapproche au premier aspect de certains exemplaires déprimés de l'*Hemicidaris crenularis ;* elle en diffère d'une manière très-nette par ses ambulacres beaucoup plus étroits et plus flexueux à la face supérieure par ses tubercules interambulacraires très-largement scrobiculés et d'autant plus gros qu'ils se rapprochent du sommet par ses granules intermédiaires plus fins et moins abondants.

LOCALITÉS. — Les Riceys. Très-rare. Etage kimméridgien. — Jessains (tranchée du chemin de fer). Très-rare. Etage portlandien.

Coll. Deloisy, ma collection.

EXPL. DES FIGURES. — Pl. I, fig. 7, *Hemicidaris Leymeriei*, de ma collection, vu de côté ; fig. 8, face sup.; fig. 9, face inf.; fig. 10, aire ambulacraire grossie ; fig. 11, tubercule grossi, vu de profil.

VIII° Genre. PSEUDODIADEMA, Desor, 1855.

Test de taille très-variable, subpentagonal, plus ou moins déprimé. Pores disposés par simples paires, quelquefois bigeminés aux approches du sommet. Tubercules crénelés et perforés, à peu près d'égale grosseur sur les deux aires, formant dans les interambulacres tantôt deux rangées, tantôt quatre et même six, accompagnées ou non de tubercules secondaires. Péristome assez grand, décagonal, marqué d'entailles profondes. Appareil apicial peu solide, largement développé, subpentagonal.

Radioles cylindriques ou comprimés, le plus souvent aciculés, garnis de stries fines et longitudinales, et quelquefois de granules.

Nous avons établi, d'accord en cela avec M. Wright, deux

groupes basés sur la disposition simple ou bigeminée qu'offrent les pores ambulacraires près du sommet. Ce caractère, insuffisant au point de vue générique, doit toujours être pris en considération pour la distinction des espèces, et coïncide du reste avec certaines autres différences dont la constance est remarquable (1).

Très-abondant dans toute la série des étages jurassiques et dans les couches inférieures du terrain crétacé, le genre *Pseudodiadema* disparaît dans la craie supérieure, et c'est à peine si quelques rares espèces ont été signalées dans le terrain tertiaire.

N° 18.   PSEUDODIADEMA SUBANGULARE, Cotteau, 1865.

(Goldf., 1820.)

Cidarites subangularis, Goldf., *Petref. Germaniæ*, t. I, p. 122, pl. XL, fig. 8, 1820. — *Diadema subangulare*, Cotteau, *Etudes sur les Ech. foss. de l'Yonne*, t. I, p. 150, pl. XVIII, fig. 1-8, 1852. — *Diplopodia subangularis*, Desor, *Synops. des Ech. foss.*, p. 75, pl. XII, fig. 7-11, 1856.

Cette espèce est remarquable par sa taille assez forte, sa forme très-déprimée en dessus et en dessous, sensiblement pentagonale à l'ambitus, ses pores largement dédoublés sur toute la face supérieure, ses tubercules principaux assez gros et accompagnés, sur les interambulacres, de tubercules secondaires nombreux, apparents et formant des rangées latérales distinctes ; son appareil apical grand et pentagonal, son péristome ample, à fleur du test, subdécagonal.

Le *Pseudodiadema subangulare* caractérise, dans le département de l'Yonne, dans la Suisse, dans le Jura, les calcaires à chailles qui s'étendent à la base de l'étage corallien ; c'est la première fois que sa présence est signalée dans les couches supérieures de ce même étage.

LOCALITÉ. — Les Riceys. Rare. Etage corallien sup.
Musée de Troyes.

LOC. AUTRES QUE L'AUBE. — Châtel-Censoir, Druyes (Yonne); Champlitte (Haute-Saône), etc., etc.

---

(1) Voyez *Paléontol. franc., terrain crétacé*, t. VII, p. 409.

Nº 19. PSEUDODIADEMA NEGLECTUM, Desor, 1856.

Pseudodiadema neglectum, Desor, *Synops. des Ech. foss.,* p. 66, 1855.
— *Pseud. mamillanum* (non Rœmer), Cotteau, *Etudes sur les Ech. foss.,*
p. 308, pl. XLIV, fig. 1-6, 1856. — *Id.,* Cotteau, *Note sur les Echin. du
terr. jurass. sup. de la Haute-Marne,* Bull. soc. géol. de France, 2ᵉ sér.,
t. XIII, p. 818, 1856.— *Pseud. neglectum,* Etallon, *Rayonnés des env. de
Montbéliard,* p. 19, 1860. — *Id.,* Etallon, *Lethœa Bruntrutana,* p. 311 ,pl.
XLVII, fig. 2, 1862.

Confondue longtemps avec le *Pseudodiadema mamillanum*
de l'étage corallien, cette espèce s'en distingue par sa taille
plus petite, ses tubercules moins nombreux et moins saillants,
ses granules moins abondants. M. Desor présume que le *Pseudodiadema Rathieri,* du calcaire à astartes des environs de Tonnerre, n'est probablement qu'une variété à tubercules plus petits
du *Pseud. neglectum.* Les deux espèces paraissent effectivement très-voisines ; si plus tard il était démontré qu'elles sont
identiques, le nom plus ancien de *Rathieri* devrait être préféré.

LOCALITÉS. — Bar-sur-Aube, Ailleville, Les Riceys. Assez
rare. Calcaires à astartes et couches à *Ostrea virgula.*

Musée de Troyes. Coll. Berthelin, ma collection.

LOC. AUTRES QUE L'AUBE. — Blaise (Haute-Marne) ; environs
de Montbéliard (Doubs); environs de Tonnerre (Yonne). Porrentruy (Suisse).

IXᵉ Genre. CYPHOSOMA, Agassiz, 1860.

Test de taille moyenne, subpentagonal, médiocrement renflé. Pores simples ou bigéminés à la face supérieure, se multipliant un peu près du péristome. Tubercules ambulacraires et
interambulacraires plus ou moins développés, à peu près d'égale
grosseur sur les deux aires. Péristome grand, décagonal, marqué d'entailles apparentes. Appareil apical peu solide, presque
toujours détruit, large, pentagonal d'après son empreinte.

Radiole allongé, tantôt subcylindrique et aciculé, tantôt
comprimé en forme de rame ou de spatule, lisse en apparence,
marqué sur toute la tige de stries fines et longitudinales, souvent très-atténuées.

Longtemps on a considéré le genre *Cyphosoma* comme spécial à la formation crétacée. L'espèce que nous décrivons plus loin est la première qui ait été signalée dans les terrains jurassiques. Le genre *Cyphosoma* atteint l'apogée de son développement dans les étages turonien et sénonien, et ne persiste pas au-delà des couches inférieures du terrain tertiaire.

N° 20. CYPHOSOMA SUPRACORALLINUM, Cotteau, 1865.

Pl. I, fig. 12-16.

Espèce de taille moyenne, subcirculaire, légèrement pentagonale, à peine renflée en dessus, presque plane en dessous. Zônes porifères droites, composées de pores petits, serrés, arrondis, largement bigéminés aux approches du sommet, simples et subonduleux vers l'ambitus, se multipliant de nouveau autour du péristome. Aires ambulacraires étroites et resserrées par les zônes porifères, garnies de deux rangées de tubercules saillants, finement crénelés, surmontés d'un mamelon assez épais, subscrobiculés, diminuant un peu de volume à la face supérieure où ils affectent une disposition alterne, au nombre de treize à quatorze par série. Granules intermédiaires peu abondants, formant une rangée subsinueuse qui descend en ondulant vers la bouche. Aires interambulacraires pourvues de deux rangées de tubercules un peu plus gros que ceux qui couvrent les ambulacres, au nombre de douze à treize par série. Tubercules secondaires parfaitement distincts, inégaux, crénelés, mamelonnés et scrobiculés, relégués sur le bord des zônes porifères, où ils forment une rangée assez régulière qui s'étend à la face supérieure et se prolonge jusqu'au péristome. D'autres tubercules secondaires plus petits, plus inégaux, moins régulièrement disposés, et dont le nombre varie suivant la taille des individus, se montrent au milieu des deux rangées principales, notamment vers l'ambitus. Zône miliaire large, nue, déprimée et spongieuse à la face supérieure. Granules intermédiaires assez nombreux, inégaux, épars, quelquefois mamelonnés et tendant alors à se confondre avec les plus petits des tubercules secondaires. Péristome subcirculaire un peu enfoncé, marqué d'entailles apparentes. Appareil apical grand, pentagonal.

Hauteur, 6 millimètres et demi ; diamètre, 18 millimètres.

RAPPORTS ET DIFFÉRENCES. — Cette espèce de *Cyphosoma*, la

seule que nous connaissions dans le terrain jurassique, présente quelques rapports avec le *Cyphosoma Bargesi* de l'étage cénomanien du midi de la France ; elle s'en distingue par sa taille moins forte, plus déprimée, ses tubercules principaux moins nombreux et plus fortement mamelonnés, ses tubercules secondaires moins abondants, plus apparents et formant, sur le bord des interambulacres, deux rangées plus règulières, ses granules intermédiaires plus inégaux et beaucoup moins nombreux. Malgré quelque ressemblance dans l'aspect général, les deux espèces sont bien différentes.

Localité. — Environs de Bar-sur-Aube. Très-rare. Etage kimméridgien.

Coll. Deloisy.

Loc. autre que l'Aube. — Tonnerre (Yonne). Etage kimméridgien (ma collection).

Expl. des figures. — Pl. I, fig. 12, *Cyphosoma supra-corallinum*, de ma collection, vu de côté ; fig. 13, face sup. ; fig. 14, face inf. ; fig. 15, sommet des aires ambulacraires grossi ; fig. 16, plaques interambulacraires grossies.

Xe Genre. Pedina, Agassiz, 1840.

Test de taille très-variable, circulaire, mince, plus ou moins renflé. Pores disposés par triples paires obliques. Tubercules perforés et non crénelés, espacés, peu développés, atténués. Péristome petit, décagonal, muni de fortes entailles. Appareil apicial largement développé, solide, à fleur du test, granuleux, subpentagonal. Radioles inconnus.

Le genre *Pedina* caractérise les couches jurassiques où il est assez abondant. Une seule espèce assez douteuse paraît avoir été recontrée dans les couches crétacées.

N° 21. Pedina aspera, Agassiz, 1840.

Pedina aspera, Agassiz, *Descr. des Échin. de la Suisse*, 2e partie, p. 34, pl. XV, fig. 8-10, 1840. — *Pedina rotata*, Leymerie, *Statistique géol. et minéral. du dép. de l'Aube*, atlas, p. 8, 1846. — *Pedina aspera*, Cotteau, *Études sur les Éch. foss. de l'Yonne*, t. 1, p. 312, pl. XLIV, fig. 7-12, 1856. — Cotteau, *Note sur les Éch. du terrain jurass. sup. de la Haute-Marne*, Bull. soc. géol. de France, t. XIII, p. 818, 1856. — *Pedina sub-aspera*, Etallon, *Lethæa Bruntrutana*, p. 308, pl. XLV, fig. 10, 1862.

Le *Pedina aspera*, Agassiz, que nous avons décrit et figuré pour la première fois dans nos *Echinides de l'Yonne*, se distingue nettement du *Pedina sublœvis* auquel MM. Agassiz et Desor veulent le réunir, par son aspect plus granuleux, ses tubercules principaux plus gros et plus saillants, ses tubercules secondaires plus nombreux, ses zônes porifères plus étroites.

Suivant M. Etallon, le *Pedina aspera*, tel que nous le comprenons, ne correspond pas au *Pedina aspera* des échinodermes de la Suisse, qui n'est qu'une variété du *Pedina sublœvis*, et il propose pour l'espèce qui nous occupe le nom de *sub-as-pera*. Quant à présent, il ne nous est nullement démontré que le *Pedina aspera* d'Agassiz diffère de notre espèce, et il nous paraît plus naturel de lui conserver ce dernier nom.

LOCALITÉS. — Gyé-sur-Seine, Baroville, Les Riceys. Assez rare. Couches à *Ostrea virgula*.

Collection Babeau, Royer, ma collection.

LOC. AUTRES QUE L'AUBE. — Marbéville (Haute-Marne); environs de Tonnerre (Yonne); Porrentruy (Suisse). Etage kimméridgien.

TERRAIN CRÉTACÉ.

Ier Genre. ECHINOSPATAGUS, Breyn, 1732.

Test de taille moyenne, oblong, cordiforme, plus ou moins renflé. Sillon antérieur large, peu profond. Ambulacre impair différent des autres; ambulacres pairs pétaloïdes, à fleur du test ou placés dans une légère dépression. Zônes porifères larges, inégales, les antérieurs plus étroites que les autres. Tubercules crénelés et perforés. Péristome très-excentrique en avant, transverse, subpentagonal. Périprocte ovale, postérieur. Appareil apical compacte. Point de fasciole.

Le genre *Echinospatagus* est propre aux couches inférieures du terrain crétacé et ne s'élève pas au-dessus de l'étage aptien.

N° 1. Echinospatagus cordiformis, Breyn, 1732.

Echinospatagus cordiformis, Breyn, *Schediasma de Ech.* p. 61, pl. V, fig. 3-4, 1732. — *Spatangus retusus,* Leymerie, *loc. cit.,* p. 8, 1846. — *Toxaster complanatus,* Cotteau, *Catal. meth. des Ech. néoc.,* Bull. soc. des sc. hist. et nat. de l'Yonne, t. V, p. 293, n° 36, 1851. — *Toxaster Michelini.* Cotteau, id., n° 38. — *Echinospatagus cordiformis,* Cotteau, *Études sur les Éch. foss. du dép. de l'Yonne,* t. II, p. 117, pl. LXI, fig. 1-6, 1861.

Cette espèce, connue depuis longtemps, souvent figurée et décrite par les auteurs, est abondamment répandue dans le terrain néocomien du dépt de l'Aube et caractérise les couches moyennes.

Localités. — Vendeuvre-sur-Barse, Thieffrain, Courtenot, Chaource, Marolles-sous-Lignières. Très-abondant. Etage néocomien moyen. Couches à *Echinospatagus cordiformis.*

Musée de Troyes, Ecole des mines (coll. Dupin), Berthelin, Deloisy, ma collection.

Loc. autres que l'Aube. — Cette espèce caractérise partout le néocomien moyen.

N° 2. Echinospatagus Ricordeanus, Cotteau, 1861.

Spatangus retusus, Lamarck, var. *globata,* Leymerie, *loc. cit.,* p. 8, 1845. — *Toxaster Ricordeanus,* Cotteau, *Catal. des Éch. néoc. du dép. de l'Yonne,* Bull. soc. de sc. hist. et nat. de l'Yonne, t. V, p. 185, 1851. — *Echinospatagus argilaceus,* d'Orbigny, *Paléont. franc. terr. crét.,* t. VI, p. 167, pl. 845, 1853. — *Echinospatagus Ricordeanus,* Cotteau, *Études sur les Éch. foss. du dép. de l'Yonne,* t. II, p. 127, pl. LXII, fig. 1-14, 1861.

C'est à M. Leymerie qu'appartient le mérite d'avoir le premier appelé l'attention sur cette espèce, qu'il considère comme une variété plus élevée et plus globuleuse (var. *globata*) de l'*Echinospatagus cordiformis,* tout en faisant remarquer qu'elle occupe un horizon constamment supérieur. L'*Echin. Ricordeanus* constitue un type nettement tranché, et qui se distinguera toujours facilement de l'*Echin. cordiformis* par sa forme plus épaisse, plus renflée, plus sinueuse à l'ambitus, son sillon antérieur moins prononcé et plus tuberculeux, son appareil apical plus central, sa face inférieure plus renflée, plus arrondie au pourtour, son péristome plus décagonal. Certains exemplaires se rencontrent encore munis de leurs radioles qui sont grêles, allongés, aciculés, couverts de stries fines et longitudinales, et varient dans leur taille suivant la grosseur des tubercules auxquels ils adhèrent.

Localités. — Rumilly-les-Vaudes, Chaource, Marolles-sous-Lignières. Commun. Néocomien sup. (argiles ostréennes).

Musée de Troyes. École des mines (coll. Dupin), coll. Berthelin, Deloisy, ma collection.

Loc. autres que l'Aube. — Wassy, Saint-Dizier (Haute-Marne); Auxerre, Chevanne, Villefargue, Saint-Georges, Quenne, Moniteau, Gurgy, Flogny, Cansey (Yonne). Néocomien sup.

N° 3. Echisnospatagus Collegnii, d'Orbigny, 1853?

(Toxaster, 1863.)

Toxaster Collegnii, Sismonda, *Mem. Ech. foss. Niza,* p. 21, pl. I, fig. 9-11, 1863. — *Echinospatagus Collegnii,* d'Orbigny, *Paléont. franc., terr. crétacé,* t. VI, p. 169, pl. 846, 1853. — *Id.,* Cotteau, *Études sur les Éch. foss. de l'Yonne,* t. II, p. 165, pl. LXIV, fig. 11, 1864.

Nous rapportons à cette espèce un fragment pyriteux recueilli dans les argiles aptiennes de l'Aube, et identique à ceux qu'on rencontre assez fréquemment au même niveau à Gurgy (Yonne). Comme dans l'*Echinospatagus Collegnii* du terrain aptien inférieur de la Clape et de l'Isère, le sillon antérieur est large, assez profondément creusé, les ambulacres pairs, notamment les antérieurs, paraissent fléxueux et sont placés dans des dépressions apparentes. Malgré cette ressemblance, les échantillons rencontrés jusqu'ici dans l'Aube ou dans l'Yonne sont trop incomplets pour qu'on puisse les rapprocher avec certitude de l'*Echinosp. Collegnii.*

Localité. — La Villeneuve-au-Chêne. Très-rare. Étage aptien inf.

Musée de Troyes.

Loc. autres que l'Aube. — Gurgy (Yonne); le Rimet (Isère); La Clape (Aude); le Theil (Drôme), etc., etc.

II° Genre. Heteraster, d'Orbigny, 1853.

Test de taille moyenne, oblong, subcordiforme, plus ou moins renflé. Sillon antérieur large, plus ou moins profond. Ambulacre impair très-différent des autres. Zône porifère composée d'une rangée interne et régulière de petits pores arrondis, et d'une rangée externe de pores transverses inégaux, irrégulièrement disposés. Ambulacres pairs pétaloïdes, presque superficiels ou à peine excavés, inégaux, les antérieurs beaucoup plus longs que les autres. Tubercules crénelés, perforés, souvent scrobiculés, rares et espacés. Péristome pentagonal, non labié. Périprocte ovale, supra-marginal. Appareil apicial compacte.

Le genre *Heteraster* démembré par d'Orbigny des véritables *Echinospatagus*, et parfaitement caractérisé par la structure toute particulière des pores de l'ambulacre impair, caractérise le terrain néocomien supérieur et les couches inférieures de l'étage aptien.

N° 4. Heteraster oblongus, d'Orbigny, 1853.
(Brong., 1821.)

Spatangus oblongus, Brongniart, Ann. des Mines, p. 555, t. VII, fig. A, B, C, 1821. — *Heteraster oblongus*, d'Orbigny, *Paléont. franc., terrain crétacé*, t. VI, p. 176, pl. 847, 1853. — *Toxaster oblongus*, Desor, *Synops. des Éch. foss.*, p. 355, pl. XL, fig. 8 et 9, 1857.

Les exemplaires que nous rapportons à cette espèce sont à l'état de moules intérieurs et chargés de fer hydraté ; cependant les caractères essentiels de l'espèce, la forme allongée déprimée et fortement tronquée en arrière, la largeur du sillon antérieur, le sommet très-excentrique en arrière, les ambulacres pairs très-flexueux et légèrement concaves, l'ambulacre impair si irrégulier dans la structure et l'arrangement de ses pores, sont parfaitement visibles dans nos échantillons de l'Aube, et ne nous laissent aucun doute sur leur identité.

Localité. — Vendeuvre-sur-Barse. Très-rare. Néocomien sup. (minerai de fer oolitique).

Musée de Troyes, ma collection.

Loc. autres que l'Aube. — Le Rimet, Sassenage (Isère) ; Perte du Rhône (Ain) ; Sainte-Croix, La Presta (Suisse), etc.

IIIᵉ Genre. Hemiaster, Desor, 1847.

Test de petite et moyenne taille, dilaté, subcordiforme, tronqué en arrière, plus ou moins renflé. Sillon antérieur peu profond, souvent plus étroit que les ambulacres. Ambulacre impair différent des autres. Ambulacres pairs plus ou moins écartés, pétaloïdes, toujours excavés, ordinairement inégaux, les antérieurs plus longs que les autres. Péristome excentrique en avant transversal, labié, muni d'une lèvre saillante. Périprocte ovale, situé au sommet de la face postérieur. Appareil apicial compacte. Fasciole péripétale.

Le genre *Hemiaster*, abondamment répandu dans les couches moyenne et supérieure du terrain crétacé et dans le terrain tertiaire, n'existe pas à l'état actuel.

Nº 5. Hemiaster minimus, Desor, 1847.

Micraster minimus, Agassiz, *Échinod. foss. de la Suisse*, Iᵉ, p. 26, pl. III, fig. 16-18, 1839. — *Hemiaster minimus*, Raulin et Leymerie, *Stat. géol. du dép. de l'Yonne*, p. 623, 1858. — *Id.*, Cotteau, *Études sur les Éch. foss. du dép. de l'Yonne*, t. II, p. 192, pl. LXVI, fig. 4-5, 1863.

Cette espèce, très-abondante à la Perte du Rhône et dans le midi de la France, est fort rare dans la région qui nous occupe. L'exemplaire qui a été recueilli dans l'Aube et que nous avons décrit et figuré dans nos *Etudes sur les Echinides de l'Yonne*, s'éloigne un peu du type par sa forme plus allongée et plus sinueuse en avant, moins plane en dessus, plus étroite et plus amincie en arrière ; néanmoins, il ne nous a pas paru devoir en être séparé.

LOCALITÉ. — Gérosdot. Rare. Etage albien.

Ecoles des Mines (coll. Dupin).

LOC. AUTRES QUE L'AUBE. — Environs de Seignelay (Yonne) ; Le Rimet et les Prés-près-Rancurel (Isère) ; Vouvray, Perte du Rhône (Ain); Le Theil (Ardèche) ; environs de Cluse et Montagne des Fis (Haute-Saône) ; Clar, près Escragnolles (Var) ; Sainte-Croix (Suisse). Etage albien.

IVᵉ Genre. Micraster, Agassiz, 1836.

Test de moyenne taille, oblong, subcordiforme, plus ou moins renflé. Sillon antérieur large et peu profond. Ambulacre impair différent des autres ; ambulacres pairs pétaloïdes, plus ou moins excavés, inégaux, les antérieurs ordinairement sensiblement plus longs que les postérieurs. Tubercules petits, crénelés, inégaux. Péristome excentrique en avant, transversal, labié, pourvu d'une lèvre très-saillante. Périprocte ovale, situé à la face postérieure. Appareil apicial compacte. Fasciole sous-anal. Radioles grêles subcylindriques, droits ou arqués, renflés et crénelés à leur base.

Le genre *Micraster* est spécial aux étages supérieurs de la craie où il esttrès-abondant.

N° 6. MICRASTER COR-TESTUDINARIUM, Agassiz, 1836.

Spatangus Cor-anguinum, Leymerie, *loc. cit.,* atlas, p. 8, pl. IV, fig. 6, 1845.

Nous rapportons à cette espèce les *Micraster* qu'on rencontre dans la craie de Torvilliers et de Montgueux. L'exemplaire figuré par M. Leymerie, remarquable par son sommet subcentral, sa face postérieure tronquée presque verticalement, son péristome éloigné du bord antérieur présente bien les caractères du type.

Nous réunissons à cette même espèce un exemplaire de petite taille plus cordiforme, très-renflé, subcaréné en arrière, à ambulacres presque superficiels, que M. Berthelin nous a communiqué comme provenant de la craie blanche de Villeloup. Cette variété, qui pourrait bien constituer une espèce distincte, se rencontre également dans la craie de Joigny. A Villeloup, elle est associée du reste à des exemplaires de taille ordinaire et qu'on ne saurait distinguer des *Micraster cor-testudinarium* les mieux caractérisés.

Le *Micraster cor-testudinarium* existe également dans les carrières de Saint-Parres, près de Troyes. Le Musée de la ville possède un échantillon qui en provient, et un autre a été recueilli par M. Deloisy; l'espèce cependant est rare et occupe une couche sans doute supérieure à l'horizon des fossiles cénomaniens.

LOCALITÉS. — Saint-Parres-les-Tertres, Torvilliers, Montgueux, Ortillon, Villeloup, Estissac. Assez commun. Etage sénonien. Le *Micraster cor-testudinarium* se rencontre fréquemment à Montgueux, à Torvilliers, à Aix-en-Othe, etc., à l'état de moule intérieur siliceux, dans les argiles rouges à silex qui recouvrent le terrain crétacé.

Musée de Troyes, collection Berthelin, Deloisy, ma collection.

Loc. AUTRES QUE L'AUBE. — Partout où l'étage sénonien inf. a été signalé.

N° 7. MICRASTER LESKEI, d'Orbigny, 1853.

Spatangus Leskei, Des Moulins, *Études sur les Échin.*, p. 392, n° 27, 1837. — *Micraster Breviporus*, Agassiz, *Catal. syst. Ectyp.*, p. 2, 1840. — *Micraster Leskei*, d'Orbigny, *Paléont. franc., terr. crétacé*, t. VI, p. 215, pl. 869, 1853.

Cette espèce, parfaitement décrite et figurée par d'Orbigny, se reconnaît facilement à sa forme allongée, à sa face supérieure déprimée, à sommet subcentral, plutôt excentrique en avant qu'en arrière, à ses ambulacres très-courts.

Certains exemplaires se font remarquer par leur taille plus forte, leurs ambulacres plus larges et plus profonds, leur ambitus souvent sub-sinueux, et devront peut-être constituer une espèce distincte. Nous les réunissons provisoirement au *Micraster Leskei*.

LOCALITÉS. — Ortillon, Villeloup, St-Mards-en-Othe, Estissac, La Grange-au-Rez, Aix-en-Othe. Assez commun. Etage sénonien inférieur. — Comme l'espèce précédente, le *Micraster Leskei* se rencontre fréquemment à l'état de moule siliceux dans les argiles à silex de la forêt d'Othe.

Musée de Troyes, coll. Berthelin, ma collection.

Loc. AUTRES QUE L'AUBE. — Partout.

N° 8. MICRASTER GIBBUS, Agassiz, 1840.

(Lam., 1816.)

Spatangus Gibbus, Lamarck, *Animaux sans vert.*, t. III, n° 18, 1816. — *Micraster gibbus*, Hébert, *Études sur les terr. crétacés*, Mém. soc. géol. de France, 2° sér., t. V, pl. XXIX, fig. 16, 1856. — *Id.*, Cotteau et Triger, *Éch. de la Sarthe*, p. 330, 1860.

Cette espèce, toujours assez rare, est remarquable par sa forme élevée, conique, par ses ambulacres longs et droits, par sa face inférieure ordinairement large, plate, évidée, par son périprocte situé très-bas.

L'exemplaire que nous rapportons au *Micraster gibbus* présente assez bien les caractères du type ; cependant, sa face inférieure est légèrement bombée et son périprocte s'ouvre à un point assez élevé de la région postérieure. Il serait possible que notre échantillon ne fût qu'une variété renflée et subconique du *Micraster cor-testudinarium*.

LOCALITÉ. — Charmont. Très-rare. Etage sénonien.

Musée de Troyes.

LOC. AUTRES QUE L'AUBE. — Villeneuve-sur-Yonne (Yonne); Epernay (Marne) ; La Palarea, près de Nice (Alpes-Maritimes).

Ve Genre. EPIASTER, d'Orbigny, 1853.

Test de grande et moyenne taille, oblong, subcordiforme, plus ou moins renflé. Sillon antérieur large, assez profond. Ambulacre impair différent des autres. Ambulacres pairs pétaloïdes, excavés, inégaux, les antérieurs ordinairement plus longs que les postérieurs. Tubercules petits, crénelés, inégaux, Péristome excentrique en avant, transversal, labié, muni d'une lèvre très-saillante. Périprocte ovale, situé à la face postérieure. Point de fasciole.

Le genre *Epiaster*, très-voisin des *Micraster* dont il ne diffère que par l'absence de fasciole, paraît spécial au terrain crétacé moyen.

N° 9. EPIASTER RICORDEANUS, Cotteau, 1863.

Hemiaster Ricordeanus, d'Orbigny, *Paléont. franc., terr. crétacé*, t. VI, p. 223, pl. 871, 1853. — *Id.*, Leymerie et Raulin, *Stat. géol. et minéral. du dép. de l'Yonne*, p. 623, 1858. — *Epiaster Ricordeanus*, Hébert, *Obs. géol. sur quelques points du dép. de l'Yonne*, Bull. soc. des sc. hist. et nat. de l'Yonne, 1863. — *Id.*, Cotteau, *Études sur les Éch. foss. du dép. de l'Yonne*, t. II, p. 196, pl. LXVI, fig. 6-12, 1863.

Nous avons indiqué dans nos *Echinides de l'Yonne* les raisons qui nous ont engagé à placer dans le genre *Epiaster* l'*Hemiaster Ricordeanus* de d'Orbigny et à le séparer de l'*Hemiaster Phrynus (Hem. minimus)* auquel M. Desor serait tenté de le réunir.

Nous rapportons à l'*Epiaster Ricordeanus* certains exemplaires recueillis dans le gault d'Hauterive et de Gérosdot ; ils diffèrent du type par leur taille beaucoup plus forte, leur face supérieure plus renflée, leur face postérieure plus large et plus obliquement tronquée. Quelques-uns d'entre eux ont 25 à 30 millimètres de hauteur, 40 millimètres de largeur et 44 de longueur ; malheureusement ces exemplaires sont presque toujours écrasés, déformés, et il est difficile, au premier aspect, d'en préciser les caractères. Cependant, après un examen attentif, nous avons cru devoir, dans nos *Echinides de l'Yonne*, les considérer comme appartenant à l'*Epiaster Ricordeanus*, et nous persistons aujourd'hui dans notre manière de voir. D'Orbigny, dans la paléontologie française, cite à Gérosdot la présence de l'*Epiaster trigonalis*. L'échantillon qu'il rapporte à cette espèce fait partie de la collection acquise par le Muséum de Paris. M. d'Archiac a bien voulu nous le communiquer, et nous avons reconnu que ce prétendu *Epiaster trigonalis* n'était autre qu'un exemplaire de grande taille et très-déformé de l'*Epiaster Ricordeanus*.

Localités. — Gérosdot, Chaource. Rare. Etage albien, couches supérieures.

Musée de Troyes, Musée de Paris (coll. d'Orbigny), coll. Berthelin, ma collection.

Loc. autres que l'Aube. — Hauterive près Seignelay, Saint-Florentin (Yonne) ; Clar près Escragnolle (Var). Etage albien.

Vᵉ Genre. Holaster, Agassiz, 1836.

Test de taille variable, allongé, cordiforme, plus ou moins renflé en dessus. Ambulacre impair, situé ordinairement dans un sillon, composé de pores simples et différents des autres. Ambulacres pairs apétaloïdes, à fleur du test. Zônes porifères souvent inégales, les antérieures plus étroites que les autres. Tubercules petits, inégaux, crénelés et perforés. Péristome très-excentrique en avant, transverse, sub-circulaire. Périprocte ovale, situé à la face postérieure, au sommet d'un sillon ou aréa plus ou moins prononcé. Appareil apicial allongé. Point de fascioles.

Le genre *Holaster* est spécial à la formation crétacée : ses espèces abondent surtout dans les couches inférieures et moyennes.

N° 10. HOLASTER INTERMEDIUS, Agassiz, 1836.

(Munst., 1826.)

Holaster L'Hardyi, Du Bois, Cotteau, *Catal. méth. des Échin. néocomiens*, Bull. soc. des sc. hist. et nat. de l'Yonne, t. V, p. 294, n° 41, 1851. — *Id.*, Leymerie et Raulin, *Stat. minéral. et géol. de l'Yonne*, p. 624, 1858. — *Holaster intermedius*, Cotteau, *Études sur les Échin. du dép. de l'Yonne*, t. II, p. 109, pl. LX, fig. 1-5, 1861.

Nous avons décrit et figuré cette espèce avec beaucoup de détails dans nos *Etudes sur les Echinides de l'Yonne*. Les exemplaires assez nombreux qu'on rencontre à Marolles et à Vendeuvre, sont parfaitement caractérisés par leur ambitus subcirculaire et cordiforme, leurs zônes porifères étroites et composées de pores égaux, leur sillon ambulacraire très-apparent surtout vers l'ambitus, leur face postérieure subperpendiculaire, parfois légèrement oblique.

LOCALITÉS. — Vendeuvre-sur-Barse, Courtenot, Marolles-sous-Lignières. Abondant. Etage néocomien.

Musée de troyes, toutes les collections.

LOC. AUTRES QUE L'AUBE. — Saint-Sauveur, Saints, Fontenoy, Leugny, Gy-l'Evèque, Auxerre, Flogny (Yonne); Saint-Dizier, Wassy, Bettancourt-la-Ferrée, Baudrecourt (Haute-Marne); Germigny (Haute-Saône); Nozeroy (Jura); Morteau (Doubs); environs de Neuchâtel, Sainte-Croix (Suisse).

N° 11. HOLASTER LATISSIMUS, Agassiz, 1840.

Holaster latissimus, d'Orb., *Paléont. franc., terr. crét.*, t. VI, p. 92, pl. 837 et 838, 1853. — *Id.*, Leymerie et Raulin, *Stat. géol. et minéral. du dép. de l'Yonne*, p. 623, 1858. — *Id.*, Cotteau, *Etudes sur les Ech. foss. du dép. de l'Yonne*, t. II, p. 189, pl. LXVI, fig. 5-9, 1863.

L'*Holaster latissimus*, l'une des plus belles espèces du genre *Holaster*, sera toujours facilement reconnaissable à sa grande taille, à son ensemble très-large, dilaté, subcordiforme, à sa face supérieure médiocrement renflée, à sa face postérieure étroite et rentrante, à son sillon antérieur échancrant profondément l'ambitus, à son péristome fortement déprimé.

LOCALITÉ. — Environs d'Ervy. Très-rare. Etage albien.

Ecole des mines (coll. Dupin).

Loc. AUTRES QUE L'AUBE. — Beaumont près Seignelay (Yonne);
Le Hàvre (Seine-Inférieure); Grandpré (Ardennes); Connaux
(Gard).

Nº 12. HOLASTER TRECENSIS, Leymerie, 1842.

Holaster trecensis, Leymerie, *Mém. sur le terrain crét. du dép. de
l'Aube*, Mém. soc. géol. de France, t. V, p. 2, pl. II, fig. I, *a, b, c*, 1842. —
Id., Stat. géol. et minéral. de l'Aube, atlas, p. 8, 1845. — *Id.*, d'Orbigny,
Paléont. franc., terr. crét., t. VI, p. 101, pl. 817, 1853. — *Id.*, Leyme-
rie et Raulin, *Stat. géol. et minéral. du dép. de l'Yonne*, p. 624, 1858. —
Id., Desor, *Synops. des Ech. foss.*, p. 342, 1859.

Cette espèce a été décrite pour la première fois par M. Leymerie, et nous renvoyons à l'excellente figure qu'il a donnée
dans les *Mémoires de la Société géologique de France*. Il se
pourrait que cette espèce fût une variété de grande taille de
l'*Holaster carinatus ;* elle paraît cependant s'en distinguer par
sa taille plus forte, sa forme plus bombée, son ambitus plus
anguleux, sa face inférieure plus plane et plus échancrée autour
de la bouche, son périprocte placé plus près du bord inférieur
dans une aire anale plus courte et plus large; et, à l'exemple de
d'Orbigny et de M. Desor, nous la maintenons provisoirement
comme espèce distincte.

LOCALITÉ. — Saint-Parres-les-Tertres. Assez rare. Etage cénomanien.

Musée de Troyes, coll. Berthelin.

Loc. AUTRES QUE L'AUBE. — Saint-Florentin (Yonne); Mon-
tagne-Sainte-Catherine près Rouen (Seine-Inférieure); Sainte-
Croix, canton de Vaud (Suisse).

Nº 13. HOLASTER CARINATUS, d'Orbigny, 1853.

Holaster carinatus (non Ag.), d'Orbigny, *Paléont. franc., terr. crét.*,
t. VI, p. 104, pl. 818, 1853. — *Id.*, Leymerie et Raulin, *Statist. géol. et
minéral. du dép. de l'Aube*, p. 624, 1858. — *Id.*, Desor, *Synops. des Ech.
foss.*, p. 340, 1859.

C'est à d'Orbigny que revient le mérite d'avoir éclairé la synonymie fort embrouillée de cette espèce, et de lui avoir restitué,
comme nous avons essayé de le démontrer dans nos *Echinides
de la Sarthe*, sa véritable dénomination. L'*Holaster carinatus*,
assez abondant dans les couches inférieures de la craie cénoma-

nienne, se distingue de ses congénères par sa forme renflée en dessus, subcarénée à l'ambitus, son sillon antérieur presque nul, sa face postérieure tronquée verticalement, sa face supérieure pourvue de gros tubercules aux approches du sommet.

LOCALITÉ. — Saint-Parres-les-Tertres. Rare. Etage cénomanien.

Musée de Troyes, collection Berthelin, Deloisy.

LOC. AUTRES QUE L'AUBE. — Partout dans l'étage cénomanien inférieur.

N° 14. HOLASTER SUB-GLOBOSUS, Agassiz, 1836.

Spatangus sub-globosus, Leymerie, *Mém. sur le terrain crétacé de l'Aube,* Mém. soc. géol. de France, t. V, p. 22, 1842. — *Id.,* Leymerie, *Stat. géol. et minéral. de l'Aube,* atlas, p. 8, 1845. — *Holaster sub-globosus,* d'Orbigny, *Paléont. franc., terrain crét.,* t. VI, p. 97, pl. 816, 1853. — *Id.,* Leymerie et Raulin, *Stat. géol. et min. du dép. de l'Yonne,* p. 624, 1858.

Bien différent des *Holaster trecensis* et *carinatus,* l'*Holaster sub-globosus,* figuré par Leske dès 1778, est très-reconnaissable à sa forme globuleuse, bombée en dessus et en dessous, et aux protubérances atténuées qui bordent le sillon impair.

LOCALITÉS. — Saint-Parres-les-Tertres et Laubressel, près de Troyes. Rare. Etage cénomanien.

Musée de Troyes, coll. Deloisy.

LOC. AUTRES QUE L'AUBE. — Neuvy-Sautour (très-abondant), Seignelay, Pourrain (Yonne); Villers-sur-Mer, Vaches-Noires (Calvados); Rouen, Fécamp (Seine-Inférieure); Sancerre (Cher), etc., etc. Etage cénomanien.

N° 15. HOLASTER PLANUS, Agassiz, 1836.

(Mantell, 1822.)

Spatangus planus, Mantell, *Geol. of Susex,* p. 192, pl. XVII, fig. 9 et 21, 1822. — *Holaster planus,* d'Orbigny, *Paléont. franc., terr. crét.,* t. VI, p. 116, pl. 821, 1853.

Les échantillons que nous rapportons à cette espèce se distinguent du type figuré par Mantell, et plus tard par d'Orbigny; leur forme générale est plus allongée, leur face supérieure moins épaisse, moins renflée, moins anguleuse au pourtour ; leur base est moins plane, et leur sillon antérieur encore moins accusé. N'était ce dernier caractère, nous aurions pensé les réunir à l'*Holaster sub-planus* de la craie de Villedieu, figuré dans nos *Echinides de la Sarthe*. Malheureusement, tous les exemplaires de l'Aube que nous connaissons sont à l'état de moule intérieur. Nous avons préféré, quant à présent, comme l'avait fait avant nous d'Orbigny, y voir une variété de l'*Holaster planus* de Mantell.

LOCALITÉ. — Forêt d'Othe. Assez commun. Etage sénonien remanié dans les argiles à silex.

Musée de Troyes, ma collection.

LOC. AUTRES QUE L'AUBE. — Villeneuve-le-Roi, environs de Sens, Sormery, Charny (Yonne) ; Fécamp (Seine-Inférieure) ; Lewes (Sussex. Angleterre).

VIᵉ Genre. OFFASTER, Desor, 1857.

Test de petite taille, renflé, ovoïde, subcordiforme. Sillon antérieur presque nul. Ambulacre impair semblable aux autres, formé cependant de pores un peu plus serrés. Ambulacres pairs apétaloïdes, à fleur du test ; pores relativement très-espacés vers l'ambitus. Tubercules petits, crénelés et perforés. Péristome subcirculaire. Périprocte ovale, s'ouvrant au-dessus du bord postérieur. Appareil apical allongé. Fasciole marginal.

Le genre *Offaster*, démembré des *Cardiaster* par M. Desor, est spécial à la craie supérieure, et ne renferme que de petites espèces. En raison de la forme et de la disposition de ses plaques, c'est un type intermédiaire entre les *Echinocorys* et les *Holaster*.

Nº 16. OFFASTER PILULA, Desor, 1857.

Ananchytes pilula, Lamarck, *An. sans vertèbres*, t. III, p. 27, nº 11, 1816. — *Cardiaster pilula*, d'Orbigny, *Paléont. franc., terr. crét.*, t. VI, p. 126, pl. 824, 1853. — *Offaster pilula*, Desor, *Synops. des Ech. foss.*, p. 334, 1857.

Cette petite espèce sera toujours parfaitement reconnaissable à sa forme oblongue et bombée, arrondie en avant, tronquée verticalement en arrière, subanguleuse au pourtour, à sa face inférieure très-légèrement convexe, à son sillon antérieur presque nul, à ses ambulacres peu apparents et formés de pores espacés, à son péristome petit et arrondi, à son fasciole marginal visible sur tout le tour de la coquille.

L'exemplaire que nous avons sous les yeux et qui fait partie du Musée de Troyes, présente bien les caractères que nous venons d'indiquer, et le fasciole marginal est parfaitement distinct.

LOCALITÉ. — Pouy. Rare. Etage sénonien.

Musée de Troyes.

LOC. AUTRES QUE L'AUBE. — Sens, Joigny (Yonne); Beauvais (Oise); Civières, Louviers (Eure); etc., etc.

VIIe Genre. ECHINOCORYS, Breyn, 1732.

Test de grande taille, ovale, renflé, gibbeux, quelquefois subconique. Zône porifère apétaloïde, convergeant en ligne droite du sommet au péristome. Ambulacre impair non différent des autres. Tubercules très-petits, crénelés, perforés, égaux et espacés. Péristome réniforme, très-excentrique en avant. Périprocte ovale, infra-marginal. Appareil apicial allongé. Point de fasciole.

Le genre *Echinocorys* ne s'est rencontré jusqu'ici que dans l'étage sénonien, où il est abondant.

N° 17. ECHINOCORYS VULGARIS, Breyn, 1732.

Echinocorys vulgaris, Breyn, *Sched. de Ech.*, p. 58, pl. III, fig. 2, 1732.
— *Ananchytes ovata*, Lam.. *Animaux sans vert.*, t. III, p. 25, n° 1, 1816.
— *Id.*, Leymerie, *loc. cit.*, atlas, p. 8, 1845. — *Echinocorys vulgaris*, d'Orb., *Paléont. franc., terr. crét.*, t. VI, p. 62, pl. 805 et 806, 1853. — *Ananchytes conica, gibba, Gravesi, ovata, striata*, Leymerie et Raulin, *loc. cit.*, p. 624, 1858.

Cette espèce, communément répandue dans le département de l'Aube, présente, comme partout ailleurs, associées entre elles, les variétés *conica, gibba, striata*, que la plupart des auteurs considèrent aujourd'hui comme appartenant au même type. Sur certains points, l'*Echinocorys vulgaris* se montre avec son test. Le plus souvent il est à l'état de moule siliceux et abonde dans les argiles rougeâtres qui occupent, au-dessus de la craie, les plateaux du sud-ouest du département. Les variétés *gibba* et *striata* sont les plus communes ; la variété *conica* est relativement beaucoup plus rare.

LOCALITÉS. —Villeloup, Villenauxe, Montgueux, forêt d'Othe. Assez commun. Etage sénonien.

Musée de Troyes, toutes les collections.

LOC. AUTRES QUE L'AUBE. — Partout où l'étage sénonien a été signalé.

VIIIᵉ Genre. ECHINOBRISSUS, Breyn, 1732.

Test de taille petite et moyenne, oblong, subcirculaire, arrondi en avant, ordinairement tronqué en arrière, subdéprimé en dessus, concave ou légèrement pulviné en dessous. Zônes porifères pétaloïdes. Tubercules épars, petits, scrobiculés. Péristome excentrique, subpentagonal, sans bourrelets, présentant quelquefois des rudiments de phyllodes. Périprocte s'ouvrant à la face supérieure, à l'origine d'un sillon qui remonte plus ou moins près de l'appareil apicial.

Le genre *Echinobrissus* est nombreux en espèces dans les terrains jurassique et crétacé, et disparaît avec les couches supérieures de l'étage sénonien.

Nᵒ 18. ECHINOBRISSUS OLFERSI, d'Orbigny, 1854.

(*Nucleol.*, Ag., 1836.)

Nucleolites Olfersi, Leymerie, *Mém. sur le terr. crétacé du dép. de l'Aube*, Mém. soc. géol., t. V, p. 23, 1842. — *Id.*, Leymerie, *Stat. géol. et minéral. du dép. de l'Aube*, atlas, p. 8, 1845. — *Id.*, Cotteau, *Catal. méth. des Ech. néoc.*, Bull. soc. des sc. hist. et nat. de l'Yonne, t. V. p. 290, 1851. — *Trematopygus Olfersi*, d'Orbigny, *Paléont. franc., terr. crét.*, t. VI, p. 376, pl. 949, 1855. — *Nucleolites Olfersi*, Leymerie et Raulin, *Stat. géol. et minér. du dép. de l'Yonne*, p. 623, 1858. — *Echinobrissus Olfersi*, Cotteau, *Etudes sur les Ech. foss. du dép. de l'Yonne*, t. II, p. 74, pl. LV, fig. 5-8, 1860.

Cette espèce n'est pas rare dans les calcaires jaunes du terrain néocomien de Marolles : sa forme allongée, arrondie en avant et subrostrée en arrière, sa face supérieure plus ou moins gibbeuse, sa face inférieure fortement concave autour du péristome, son sommet très-excentrique en arrière, ses ambulacres pétaloïdes, sans que cependant ce caractère soit très-prononcé, son périprocte supra-marginal s'ouvrant aux deux tiers environ de l'espace compris entre le sommet et l'ambitus, sont autant de caractères qui séparent assez nettement cette espèce de ses congénères.

L'*Echinobrissus Olfersi* présente à Marolles et dans les localités voisines plusieurs variétés que nous avons signalées dans nos *Echinides de l'Yonne* (1). Les individus jeunes notamment sont remarquables par leur ambitus plus régulièrement ovale, plus large en avant et moins sensiblement rentré en arrière, et leur périprocte relativement plus rapproché du sommet.

LOCALITÉS. — Vendeuvre-sur-Barse, Marolles-sous-Lignières, Vauchonvilliers. Assez commun. Etage néocomien.

Ecole des Mines (coll. Dupin), coll. Deloisy, ma collection.

Loc. AUTRES QUE L'AUBE. — Saint-Sauveur, Saints, Fontenoy, Leugny, Gy-l'Evêque, Auxerre, etc. (Yonne); Chancenay (Haute-Marne); Subligny, Nozeroy (Jura); Dampierre (Nièvre); Mont-Salève (Savoie); Sainte-Croix dans le canton de Vaux, Hauterive, Neuchâtel (Suisse).

IXᵉ Genre. PHYLLOBRISSUS, Cotteau, 1860.

Test de taille moyenne, oblong, subcirculaire, arrondi en avant, subtronqué en arrière, renflé en dessus, presque plane en dessous. Sommet subcentral, Ambulacres pétaloïdes. Tubercules petits, épars, à peine scrobiculés. Péristome un peu excentrique en avant, pentagonal, entouré de phyllodes alternant avec de petits bourrelets granuleux à la base. Périprocte situé à la face postérieure, au sommet d'un sillon toujours apparent qui s'atténue et disparaît vers l'ambitus. Appareil apical compacte, composé de quatre plaques génitales perforées et de cinq plaques ocellaires également perforées.

Le genre *Phyllobrissus*, que nous avons établi dans les *Echinides fossiles de l'Yonne*, paraît jusqu'ici spécial à l'étage néocomien.

(1) *Etudes sur les Echinides de l'Yonne*, t. II, p. 77.

N° 19. PHYLLOBRISSUS GRESSLYI, Cotteau, 1860.

(Catop., Ag., 1839.)

Nucleolites Gresslyi, Cotteau, *Catal. méth. des Ech. néoc.*, Bull. soc. des sc. hist. et nat. de l'Yonne, t. V, p. 290, 1851. — *Nucleolites Neocomiensis*, Cott., *Id.*, p. 289. — *Nucleol. oviformis*, Cott., *Id.*, p. 291. — *Clypeopygus Gresslyi*, d'Orbigny, *Paléont. franc., terr. crét.*, t. VI, p. 425, p. 966, fig. 1-6, 1856. — *Clypeop. Renaudi*, d'Orbigny, *Id.*, p. 427, pl. 966, fig. 7-12, 1856. — *Nucleolites Gresslyi, Necomiensis et oviformis*, Leymerie et Raulin, *Stat. géol. du dép. de l'Yonne*, p. 623, 1858. — *Phillobressus Gresslyi*, Cotteau, *Etud. sur les Ech. foss. de l'Yonne*, t. II, p. 83, pl. LVI, 1860.

Cette espèce, qui a servi de type à notre genre *Phyllobrissus*, se reconnaîtra toujours facilement à sa forme un peu ramassée, plus longue que large, renflée en dessus, arrondie en avant, subtronquée en arrière, presque plane en dessous, à son périprocte subvertical et par conséquent à peine visible d'en haut, à son péristome subpentagonal, excentrique, orné d'un floscelle apparent. Dans nos *Echinides de l'Yonne*, nous avons réuni à cette espèce les *Nucleolites Neocomiensis* (Cotteau, non Agassiz) et *Oriformis*, Cotteau, et le *Clypeopygus Renaudi*, d'Orbigny (non Agassiz), qui ne nous ont paru que les variétés d'un même type.

LOCALITÉS. — Marolles-sous-Lignières, Vendeuvre-sur-Barse. Commun. Etage néocomien moyen.

Toutes les collections.

LOC. AUTRES QUE L'AUBE. — Saint-Sauveur, Saints, Fontenoy, Leugny, Gy-l'Evêque, Auxerre, Flogny, etc. (Yonne); Bettancourt-la-Ferrée (Haute-Marne); Hauterive, Sainte-Croix (Suisse).

X° Genre. CLYPEOPYGUS, d'Orbigny, 1856.

Test de taille assez grande, oblong, subclypéiforme, rétréci en avant, élargi en arrière, déprimé en dessus, subconcave en dessous. Sommet excentrique en avant. Ambulacres pétaloïdes, subflexueux. Tubercules petits, serrés, scrobiculés. Péristome pentagonal, entouré d'un floscelle très-apparent. Périprocte situé à la face supérieure, au sommet d'un sillon profond, obli-

ue, toujours très-circonscrit. Appareil apicial compacte, remarquable par la saillie madréporiforme.

Le genre *Clypeopygus*, tel que nous le connaissons, atteint
on maximum de développement dans les couches inférieures
u terrain crétacé.

N° 20. CLYPEOPYGUS ROBINALDINUS, d'Orbigny, 1856.

(*Nucleol.*, Cott., 1851.)

Nucleolites Robinaldinus, Cotteau, *Catal. méth. des Ech., néoc.,* Bull.
oc. des sc. hist. et nat. de l'Yonne, t. V, p. 291, 1851. — *Clypeopygus Robinal-
inus,* d'Orbigny, *Paléont. franc., terr. crét.,* t. VI, p. 422, pl. 965, fig.
-6, 1856. — *Nucleolites Robinaldinus,* Leymerie et Raulin, *Stat. géol. du
'ép. de l'Yonne,* p. 623, 1858. — *Clypeopygus Robinaldinus,* Cotteau, *Etu-
es sur les Ech. foss. de l'Yonne,* t. II, p. 94, pl. LVII, fig. 5-7, 1861.

D'Orbigny est tenté de réunir cette espèce au *Clypeopygus
Paultrei,* dont elle serait le jeune âge ; elle nous a paru s'en
istinguer, comme nous l'avons fait remarquer dans nos *Echi-
ides de l'Yonne,* non-seulement par sa taille constamment
lus petite, mais par sa face supérieure plus renflée, plus fortement déclive et plus excavée à partir du sillon anal, par son
mbitus plus épais sur les côtés, moins échancré en avant et en
rrière ; son sillon anal moins triangulaire et moins fortement
caréné sur les bords. — Le *Cleopygus Paultrei,* si facilement
econnaissable à sa grande taille et à l'ensemble de ses carac-
ères, n'a pas encore été rencontré en dehors du département
le l'Yonne.

LOCALITÉ. — Marolles-sous-Lignières. Rare. Etage néocomien moyen.

Ma collection.

LOC. AUTRES QUE L'AUBE. — Leugny, Fontenoy, Saint-Sauveur, Tronchoy (Yonne). Assez commun.

XI⁰ Genre. BOTRIOPYGUS, d'Orbigny, 1855.

Test de taille moyenne, ovale, oblong, arrondi en avant, plus
ou moins rostré en arrière, subdéprimé en dessus, concave en
dessous. Sommet excentrique en avant. Ambulacres pétaloïdes

étroits. Tubercules petits, serrés, scrobiculés. Péristome pentagonal, entouré d'un floscelle apparent. Périprocte ovale ou
même oblong, placé au pourtour de manière à entamer le dessus et le dessous à peu près également. Appareil apical compacte.

Le genre *Botriopygus* paraît jusqu'ici spécial aux couches inférieures et moyennes du terrain crétacé.

N° 21. BOTRIOPYGUS OBOVATUS, d'Orbigny, 1855.

(*Catopygus*, Ag., 1836.)

Pygurus obovatus, Cotteau, *Catal. méth. des Ech. néocom.*, Bull. soc.
des sc. hist. et nat. de l'Yonne, t. V, p. 292, 1851. — *Botriopygus obovatus*, d'Orbigny, *Paléont. franc., terr. crét.*, t. VI, p. 335, pl. 929,
1855. — *Pygurus obovatus*, Leymerie et Raulin, *Stat. géol. du dép. de
l'Yonne*, p. 623, 1858. — *Botriopygus obovatus*, Cotteau, *Etudes sur les
Echinides foss. de l'Yonne*, t. II, p. 96, pl. LVIII, fig. 1-7, 1861.

Cette espèce est fort rare partout où elle a été signalée. Il serait possible que les exemplaires recueillis à Marolles par
M. Dupin fussent des variétés de grande taille du *Botriopygus
minor ;* cependant leur taille, leur forme générale, l'obliquité
bien prononcée du péristome et la dépression subtriangulaire
qui accompagne le périprocte semblent s'opposer à ce rapprochement.

LOCALITÉ. — Marolles-sous-Lignières. Très-rare. Etage néocomien moyen.

Ecole des Mines (coll. Dupin).

LOC. AUTRES QUE L'AUBE. — Saint-Sauveur (Yonne) ; Mauremont près La Sarraz (canton de Vaud); Merdasson près Neuchâtel (Suisse).

N° 22. BOTRIOPYGUS MINOR, d'Orbigny, 1855.

(*Echinol.*, Agass., 1836.)

Pygurus minor, Cotteau, *Catal. méth. des Ech. néoc.*, Bull. soc. des sc.
hist. et nat. de l'Yonne, t. V, p. 292, 1851. — *Botriopygus minor*, d'Orbigny,
Paléont. franc., terr. crét., t. VI, p. 337, pl. 930, fig. 1-7, 1855. — *Pygurus minor*, Leymerie et Raulin, *Stat. géol. du dép. de l'Yonne*, p. 623,
1858. — *Botriopygus minor*, Cotteau, *Etudes sur les Ech. foss. du dép.
de l'Yonne*, t. II, p. 101, pl. LVIII, fig. 813, 1861.

Cette espèce se distingue de ses congénères par sa petite taille, sa face supérieure très-déprimée, son périprocte marginal et dépourvu de sillon, son péristome légèrement oblique. Certains exemplaires de Marolles atteignent une taille beaucoup plus forte que le type des *Echinodermes de la Suisse*.

LOCALITÉ. — Marolles-sous-Lignières. Assez rare. Étage néocomien moyen.

École des Mines (coll. Dupin).

LOC. AUTRES QUE L'AUBE. — Saint-Sauveur, Saints, Leugny, Gy-l'Evêque, Flogny, etc. (Yonne); Saint-Pierre-de-Chevène (Isère); le Lac près Morteau (Doubs); Neuchâtel, Sainte-Croix, Le Locle (Suisse).

XIIᵉ Genre. PYGURUS, Agassiz, 1840.

Nº 23. PYGURUS MONTMOLINI, Agassiz, 1839.

(*Echinolampas*, Agass., 1836.)

Pygurus Montmolini, Cotteau, *Catal. méth. des Echin. néocom.*, Bull. soc. des sc. hist. et nat. de l'Yonne, t. V, p. 292, 1851. — *Pygurus Orbignyanus*, Cotteau, *Id.* — *Pygurus Montmolini*, d'Orbigny, *Paléont. franc., terr. crét.*, t. VI, p. 305, pl. 916 et 917, 1855. — *Id.*, Leymerie et Raulin, *Stat. géol. du dép. de l'Yonne*, p. 623, 1858. — *Id.*, Cotteau, *Etudes sur les Ech. foss. du dép. de l'Yonne*, t. II, p. 104, pl. LIX, fig. 1-6, 1861.

On rencontre à Marolles, et dans les localités voisines, une variété très-intéressante, que caractérisent sa taille toujours plus petite, sa face supérieure plus conique et plus gibbeuse en avant, sa face postérieure munie d'un rostre plus prononcé. La constance de ces caractères nous avait engagé, dans notre *Catalogue des Echinides néocomiens*, à en faire une espèce particulière sous le nom de *Pygurus Orbignyanus*. Depuis, nous avons réuni cette espèce au *Pygurus Montmolini*, d'accord en cela avec MM. d'Orbigny et Desor.

LOCALITÉ. — Marolles-sous-Lignières. Rare. Étage néocomien moyen.

École des mines (coll. Dupin), ma collection.

LOC. AUTRES QUE L'AUBE. — Saint-Sauveur, Saints, Fontenoy, Leugny, Gy-l'Evêque, Auxerre, Flogny (Yonne); Fontanil, Le Fâ (Isère); Bettancourt (Haute-Marne); environs d'Aix, Salève (Savoie); Hauterive, Sainte-Croix (Suisse).

XIIIe Genre. ECHINOCONUS, Breyn, 1732.

Test de taille variable, subpentagonal à l'ambitus, plus ou moins renflé, quelquefois subconique en dessus, presque plane en dessous. Pores simples. Zônes porifères convergeant en ligne droite du sommet au péristome. Tubercules petits, perforés. crénelés, scrobiculés. Péristome s'ouvrant au milieu de la face inférieure, étroit, arrondi, vaguement décagonal, muni à l'intérieur d'auricules destinées à soutenir un appareil masticatoire. Périprocte circulaire ou ovale, placé près du bord postérieur, de manière à être plus visible en dessous que sur le profil transversal. Appareil apicial compacte.

Le genre *Echinoconus* caractérise le terrain crétacé, notamment les couches supérieures.

N° 24. ECHINOCONUS SUB-ROTUNDUS, d'Orbigny, 1854.

Conulus sub-rotundus, Mantell, *Geol. of Sussex*, p. 191, pl. XVII, fig. 15, 1822. — *Echinoconus sub-rotundus*, d'Orbigny, *Paléont. franc., terr. crét.*, t. VI, p. 517, pl. 997, fig. 8-12, 1856. — *Galerites sub-rotundus*, Desor, *Synops. des Ech. foss.*, p. 183, 1857. — *Echinoconus sub-rotundus*, Cotteau et Triger, *Echin. de la Sarthe*, p. 284 et 376, pl. XLVII, fig. 4, 1860-62.

L'*Echinoconus sub-rotundus* se distingue de ses congénères par sa forme subglobuleuse, arrondie en avant, rétrécie et un peu anguleuse en arrière. Sa face supérieure est convexe et subconique ; sa face inférieure, presque plane, se renfle et s'arrondit sur les bords.

Cette espèce nous a été communiquée par M. Deloisy qui, le premier, l'a rencontrée dans le département de l'Aube : sa présence dans la craie de Saint-Parres est intéressante au point de vue stratigraphique, et nous montre que cette localité offre, au-dessus de la craie cénomanienne, une zône plus élevée et qui paraît correspondre à l'étage turonien de d'Orbigny.

LOCALITÉ. — Saint-Parres-les-Tertres. Très-rare. Etage turonien.

Coll. Deloisy.

LOC. AUTRES QUE L'AUBE. — Fécamp, montagne Sainte-Catherine près Rouen (Seine-Inférieure); Joigny, Saint-Fargeau (Yonne); Châtillon-sur-Cher (Loir-et-Cher). Etage turonien.

N° 25. ECHINOCONUS CONICUS, Breyn, 1732.

(*Galerites*, Lam., 1816.)

Echinoconus conicus, d'Orbigny, *Paléont. franc., terr. crét.*, t. VI, p. 513, 1862. — *Galerites albogalerus*, Leymerie et Raulin, *Stat. géol. du dép. de l'Yonne*, p. 622, 1858.

Nous ne reviendrons pas sur la longue synonymie et les caractères de cette espèce, si souvent décrite et figurée par les auteurs. Elle est représentée, dans le département de l'Aube, par des moules siliceux que leur forme conique, leur face inférieure plane, leur ambitus subpentagonal rapprochent du type de Lamarck, qu'on rencontre si fréquemment dans la craie blanche d'Angleterre.

LOCALITÉ. — Forêt d'Othe. Assez rare. Argiles à silex.

Musée de Troyes.

LOC. AUTRES QUE L'AUBE. — Sens, Villeneuve-le-Roi, Charny (Yonne); Beauvais, Roquemont (Oise); Chartres (Eure-et-Loir); Vernonnet, Pinterville (Eure), etc.

N° 26. ECHINOCONUS VULGARIS, d'Orbigny, 1854.

Galerites vulgaris, Desor, *Monog. des Galerites*, p. 14, pl. II, fig. 1-10, et pl. XIII, fig. 4-6, 1842. — *Echinoconus vulgaris*, d'Orbigny, *Paléont. franc., terr. crét.*, t. VI, p. 534, pl. 1001 et 1002, fig. 1-3, 1854.

Cette espèce se rencontre, comme la précédente, à l'état de moule siliceux; elle en diffère par sa hauteur moins grande, par son sommet plus arrondi, plus surbaissé et par son dessous plus allongé et plus sensiblement pentagonal.

LOCALITÉ. — Forêt d'Othe. Rare. Argiles à silex.

Musée de Troyes.

LOC. AUTRES QUE L'AUBE. — Environs de Sens, Sormery, Charny (Yonne); Dieppe (Seine-Inférieure); Beauvais (Oise).

N° 27. ECHINOCONUS SUB-CONICUS, d'Orbigny, 1856.

Echinoconus sub-conicus, d'Orbigny, *Paléont. franc., terr. crét.*, t. VI, p. 517, pl. 997, fig. 8-12, 1854.

Cette espèce, souvent confondue avec l'*Echinoconus conicus*, s'en distingue par son sommet plus large et plus arrondi, par ses côtes plus convexes et sa base moins sensiblement pentagonale.

LOCALITÉ. — Forêt d'Othe. Très-rare. Argiles à silex.

Ma collection.

LOC. AUTRES QUE L'AUBE. — Villeneuve-sur-Yonne, Sormery, environs de Sens (Yonne); Beauvais (Oise), etc.

N° 28. ECHINOCONUS ICAUNENSIS, Cotteau, 1865.

Pl. II, fig. 1-2.

Test inconnu. Moule intérieur de taille assez forte, oblong, subpentagonal, arrondi et légèrement dilaté en avant, un peu plus étroit en arrière. Face supérieure renflée, subconique, légèrement acuminée, ayant sa plus grande hauteur au point qui correspond au sommet. Face inférieure plane, subanguleuse sur les bords. Aires ambulacraires à peine renflées, très-étroites comme toujours aux approches du péristome. Périprocte ovale, infra-marginal. Péristome subcirculaire, présentant l'empreinte des auricules destinées à supporter les mâchoires.

Hauteur, 33 millimètres ; diamètre transversal, 42 millimètres ; diamètre antéro-postérieure, 49 millimètres.

Nous ne connaissons de cette espèce que quelques moules intérieurs rencontrés dans les argiles à silex de l'Yonne et de l'Aube ; ils se distinguent d'une manière si positive de leurs congénères, que nous n'avons pas hésité à en faire le type d'une espèce particulière. Nous lui avons conservé le nom *Echinoconus Icaunensis* qu'elle portait depuis longtemps dans notre collection. — Nos exemplaires se rapprochent un peu de certaines variétés surbaissées de l'*Echinoconus conicus (Galerites albogalerus)* ; ils en diffèrent cependant d'une manière constante par leur taille beaucoup plus développée, leur forme plus oblongue, leur face supérieure moins élevée, moins conique et légèrement acuminée au sommet.

LOCALITÉ. — Forêt d'Othe. Assez rare. Silex du terrain crétacé supérieur remaniés dans l'argile à silex.

Musée de Troyes, ma collection.

LOC. AUTRES QUE L'AUBE. — Sormery, Villeneuve-le-Roi (Yonne).

EXPL. DES FIGURES. — Pl. II, fig. 1, *Echinoconus Icaunensis*, de ma collection, vu de côté ; fig. 2, face inf.

XIVe Genre. DISCOÏDEA, Klein, 1734.

Test de taille variable, circulaire ou pentagonal, plus ou moins renflé, quelquefois subconique. Pores simples. Zônes porifères droites. Tubercules petits, crénelés, scrobiculés, augmentant de volume à la face inférieure, où ils forment des rangées concentriques assez régulières. Péristome s'ouvrant au milieu de la face inférieure, circulaire, décagonal, marqué de légères entailles. Périprocte ovale, placé entre le péristome et le bord postérieur. Appareil apicial compacte, subpentagonal, présentant, dans certaines espèces, cinq plaques génitales perforées, et dans quelques autres espèces, à la place de la plaque génitale impaire, une plaque complémentaire imperforée. L'intérieur du test est garni au pourtour de cloisons plus ou moins épaisses, placées près du bord dans les aires interambulacraires et donnant lieu à ces entailles remarquables qu'on retrouve chez tous les moules intérieurs.

Le genre *Discoïdea* est spécial au terrain crétacé.

N° 29. DISCOÏDEA SUBUCULUS, Klein, 1734.

Discoïdea subuculus, Leymerie et Raulin, *Stat. géol. du dép. de l'Yonne*, p. 622, 1858. — *Id.*, Cotteau, *Paléont. franc., terr. crét.*, t. VIII, p. 23, pl. 1009, fig. 8-16, 1861.

Cette espèce, parfaitement caractérisée par sa petite taille, sa forme circulaire et conique, sa double carène interambulacraire, sa face inférieure presque plane sur les bords, la grandeur de son péristome, les profondes entailles de son moule intérieur, son appareil apicial muni de quatre plaques génitales perforées, a été découverte pour la première fois dans l'Aube par M. Berthelin qui nous l'a communiquée.

LOCALITÉ. — Saint-Parre-les-Tertres. Rare. Etage cénomanien.

Coll. Berthelin.

LOC. AUTRES QUE L'AUBE. — Partout où l'étage cénomanien a été signalé.

N° 30. Discoïdea cylindrica, Agassiz, 1840.

(*Galerites*, Lam., 1816.)

Discoïdea cylindrica, Cotteau, *Paléont. franc., terr. crét.*, t. VII, p. 28, pl. 1010 et 1011, 1861.

Cette belle espèce, assez répandue dans la craie cénomanienne d'autres contrées, n'avait pas encore été signalée dans
l'Aube. L'échantillon que nous a communiqué M. Berthelin est
remarquable par sa forme renflée, subhémisphérique, son ambitus pentagonal, sa face inférieure tout-à-fait plane ; la position de son péristome et de son périprocte ne saurait laisser
aucun doute sur son identité spécifique. L'exemplaire de M. Deloisy laisse voir, à la face inférieure, la trace des sillons qui
marquent le moule intérieur.

Localités. — Saint-Parres-les-Tertres, Montiéramey (tranchée du chemin de fer de Mulhouse). Très-rare. Etage cénomanien.

Musée de Troyes, coll. Berthelin, Deloisy.

Loc. autres que l'Aube. — Neuvy-Sautour, Pourrain, Saint-
Sauveur (Yonne); la Fauge près le Villard de Lans (Isère) ; Saint-
Aignan-en-Vercor (Drôme), etc., etc.

XVe Genre. Holectypus, Desor, 1842.

N° 31. Holectypus macropygus, Desor, 1842.

(*Discoïdea*, Ag., 1836.)

Discoïdea macropygus, Leymerie, *Mémoire sur le terr. crét. de l'Aube*,
Mém. soc. géol. de France, t. V, p. 22, 1842. — *Id.*, Leymerie, *Stat. géol. et
minér. de l'Aube*, atlas, p. 8, 1845. — *Holectypus macropygus*, Cotteau,
Catal. méth. des Echin. néocomiens, Bull. soc. des sc. hist. et nat. de l'Yonne,
t. V, p. 289, 1851. — *Id.*, Leymerie et Raulin, *Stat. géol. du dép. de
l'Yonne*, p. 622, 1858. — *Id.*, Cotteau, *Etudes sur les Ech. foss. de l'Yonne*,
t. II, p. 67, pl. LIV, fig. 11-18, 1859.

Cette espèce, déjà signalée par M. Leymerie, est assez abondante dans le terrain néocomien. Nous n'avons point rencontré
dans l'Aube la variété de grande taille (*Holectypus Neocomiensis*,
Cotteau, non Gras), qu'on recueille quelquefois aux environs
d'Auxerre.

Localité. — Marolles-sous-Lignières. Assez commun. Etage néocomien moyen.

Ecoles des Mines (coll. Dupin), Berthelin, ma collection.

Loc. autres que l'Aube. — Partout où le terrain néocomien moyen a été signalé.

XVIᵉ Genre. Peltastes, Agassiz, 1839.

Test de petite taille, subcirculaire, plus ou moins renflé. Pores simples. Aires ambulacraires presque droites, garnies de deux rangées de granules. Aires interambulacraires larges, pourvues de deux rangées de tubercules assez gros, crénelés, non perforés. Péristome circulaire, muni d'entailles apparentes. Périprocte excentrique en arrière, situé dans l'axe de l'animal. Appareil apical saillant, couvrant une grande partie de la face supérieure, marqué d'impressions suturales et de stries très-variables dans leur aspect; la plaque génitale antérieure de droite offre au milieu une fissure oblongue, spongieuse, plus ou moins déchirée, correspondant au pore oviducal et tenant lieu du corps madréporiforme.

Le genre *Peltastes* est spécial au terrain crétacé et caractérise surtout les couches inférieures et moyennes.

Nº 32. Peltastes stellulatus, Agassiz, 1846.

Salenia stellulata, Agassiz, *Monog. des Salenies,* p. 15, pl. II, fig. 25-32, 1838. — *Peltastes stellulatus,* Agassiz et Desor, *Catal. rais. des Ech.,* Ann. sc. nat., 3ᵉ sér., t. VI, p. 342, 1846. — *Salenia areolata* (non Wahl), Leymerie, *Stat. min. et géol. du dép. de l'Aube,* atlas, p. 8, 1846. — *Peltastes stellulatus,* Cotteau, *Catal. des Ech. néoc.,* Bull. soc. des sc. hist. et nat. de l'Yonne, t. V, p. 284, 1851. — *Id.,* Leymerie et Raulin, *Stat. géol. du dép. de l'Yonne,* p. 621, 1858. — *Hyposalenia stellulata,* Cotteau, *Etudes sur les Ech. foss. de l'Yonne,* t. II, p. 60, pl. LIV, fig. 1-10, 1859. — *Peltastes stellulatus,* Cotteau, *Paléont. franc., terr. crét.,* t. VII, p. 101, pl. 1023, 1861.

Cette jolie espèce a été souvent décrite ou mentionnée par les auteurs. Nous ne reviendrons pas sur les descriptions détaillées accompagnées de nombreuses figures que nous avons données dans nos études sur les *Echinides de l'Yonne,* et plus tard dans la *Paléontologie française.* Sa taille constamment peu développée, sa face supérieure à peine renflée, ses ambulacres étroits, ses tubercules interambulacraires saillants et espacés, la grandeur de son appareil apical servent à distinguer cette espèce des autres Peltastes que nous connaissons.

LOCALITÉS. — Vendeuvre-sur-Barse, Soulaines, Marolles-sous-Lignières. Assez commun. Néocomien inférieur et moyen.

Musée de Troyes, coll. Berthelin, Deloisy, ma collection.

LOC. AUTRES QUE L'AUBE. — Tronchoy, Bernouil, Auxerre (Yonne); Saint-Dizier (Haute-Marne); Germigny (Haute-Saône); Fontanil (Isère); Censeau, les Rousses (Jura).

N° 33. PELTASTES LARDYI, Cotteau, 1861.

Hyposalenia Lardyi, Desor, *Synops. des Ech. foss.*, p. 148, 1856. — *Peltastes Lardyi*, Cotteau, *Paléont. franc., terr. crét.*, t. VII, p. 106, pl. 1024, 1861. — *Id.*, *Etudes sur les Ech. foss. de l'Yonne*, t. II, p. 162, pl. LXIV, fig. 1-10, 1863.

Cette espèce est d'une taille assez forte, circulaire, plus ou moins renflée en dessus ; ses ambulacres assez étroits présentent deux rangées de granules mamelonnés, serrés, égaux entre eux, au nombre de dix-huit à vingt dans les exemplaires de grande taille. L'intervalle qui sépare les deux rangées est relativement assez large et occupé par des verrues fines, éparses, homogènes. Les tubercules interambulacraires sont très-inégaux, saillants, développés surtout vers l'ambitus, au nombre de cinq à six par série. L'appareil apical arrondi, et légèrement onduleux sur les bords, couvre une grande partie de la face supérieure.

LOCALITÉ. — Les Croûtes, près d'Ervy. Rare. Etage aptien. Zône de la *Terebratella Asteriana*.

Ecole des Mines (coll. Dupin).

LOC. AUTRES QUE L'AUBE. — Saint-Georges (ferme de Bon-Pain) (Yonne); Merdasson, La Presta, La Russille (Suisse).

XVIIe Genre. SALENIA, Gray, 1835.

Test de petite taille, circulaire, plus ou moins renflé. Pores simples. Aires ambulacraires presque droites, garnies de deux rangées de granules. Aires interambulacraires larges, pourvues de deux rangées de tubercules assez gros, crénelés, non perforés. Péristome subcirculaire, muni de faibles entailles. Périprocte excentrique en arrière, situé un peu à droite, en dehors de l'axe de l'animal. Appareil apicial saillant, couvrant une grande partie de la face supérieure, marqué d'impressions suturales et de stries très-variables dans leur aspect ; la plaque génitale antérieure de droite offre une déchirure plus ou moins apparente, quelquefois spongieuse, et qui correspond au pore oviducal.

Le genre *Salenia* commence à se montrer dans les couches inférieures du terrain crétacé ; il atteint son maximum de développement dans les couches moyennes et supérieures, et disparait avec les assises inférieures du terrain tertiaire, qui ne renferme qu'une espère fort rare.

N° 34. Salenia mamillata, Cotteau, 1861.

Salenia mamillata, Cotteau, *Paléont. franç., terr. crét.,* t. VII, p. 136, pl. 1031, fig. 9-17, 1861. — *Id., Etudes sur les Ech. foss. de l'Yonne,* t. II, p. 160, pl. LXIII, fig. 12-16, 1863.

Cette espèce offre quelques rapports avec le *Salenia foliumquerci* du néocomien inférieur des environs de Bernouil (Yonne) ; elle s'en distingue par sa taille plus forte, sa face supérieure plus déprimée, son appareil apicial moins étendu, marqué d'impressions suturales plus profondes et moins allongées, par son péristome plus grand et ses tubercules plus saillants.

Dans l'exemplaire que nous avons décrit, le seul que nous connaissions, la plaque génitale antérieure de droite présente une déchirure parfaitement distincte.

Localité. — Département de l'Aube. Très-rare. Etage aptien ?... Cette espèce nous a été donnée sans indication de gisement et de localité, et ce n'est pas sans quelque doute que nous la plaçons dans l'étage aptien.

Musée de Troyes.

XVIIIᵉ Genre. Cidaris, Klein, 1734.

N° 35. Cidaris Lardyi, Desor, 1855.

Cidaris vesiculosa (non Goldf.), Agassiz, *Note sur les foss. du Jura Neuchatelois,* Mém. soc. des sc. nat. de Neuchatel, t. I, p. 141, 1836. — *Cidaris punctata* (non Rœm.), Agassiz et Desor, *Catal. rais. des Ech.,* Ann. sc.

nat., 3ᵉ sér., t. VI, p. 337, 1846. — *Cidaris marginatus* (non Goldf.), Leyme-
rie, *loc. cit.*, atlas, p. 8, 1846.—*Cidaris punctata,* Cotteau, *Catal. méth. des
Ech. néocomiens,* Bull. soc. des sc. hist. et nat. de l'Yonne, t. V, p. 282, 1851.
— *Cidaris Lardyi,* Desor, *Synops. des Ech. foss.,* p. 2, pl. V, fig. 2, 1855.
— *Id.,* Cotteau, *Etudes sur les Ech. foss. de l'Yonne,* t. II, p. 11, pl.
XLVII, fig. 1-8, 1857. — *Id.,* Cotteau, *Paléont. franc., terr. crét.,* t. VII,
p. 190, pl. 1043 et 1049, fig. 1-4, 1862.

Cette espèce, assez abondante dans le terrain néocomien de
l'Aube et de l'Yonne, offre quelque ressemblance avec le *Cidaris vesiculosa* de Goldfuss; elle en diffère par ses tubercules plus
développés près du sommet, ses scrobicules moins profonds,
moins ondulés et entourés de granules plus gros et plus espacés,
ses ambulacres garnis de quatre et non de six rangées de granules.

Il n'est pas rare de rencontrer les radioles de cette espèce ;
ils sont allongés, subcylindriques, presqu'aussi gros au sommet
qu'aux approches de la collerette, recouverts de granules le plus
souvent uniformes, quelquefois épineux, disposés presque
toujours en séries longitudinales fines et pressées. L'espace intermédiaire entre les rangées granuleuses paraît chagriné ; la
collerette est longue, finement striée, le bouton peu développé,
la facette articulaire dépourvue de crénelures.

Le *Cidaris Lardyi* paraît occuper plusieurs niveaux bien
distincts : dans la région qui nous occupe ; il caractérise les
couches à *Echinospatagus cordiformis,* se multiplie surtout à la
partie inférieure, au milieu des zoophytes, et disparait au-des-
sous des argiles ostréennes, tandis que dans le Jura et en Suisse
il ne se montre qu'au-dessus de l'*Echinospatagus cordiformis,*
dans le néocomien supérieur (urgonien).

Dans le département de l'Aube, le *Cidaris Lardyi,* ainsi que
nous l'avons déjà signalé *(Echinides de l'Yonne* et *Paléontologie française),* reparaît au milieu des couches inférieures de
l'étage aptien. M. Leymerie et moi nous avons rencontré aux
Croûtes, associés à l'*Ostrea aquila* et à la *Terebratella Asteriana,*
des radioles et des fragments de test qui ne sauraient être distingués de ceux qui caractérisent le terrain néocomien.

Localités. — Marolles - sous - Lignières, Fouchères. Assez
rare. Néocomien moyen. Couches à Echinospatagus cordiformis. — Les Croûtes, près d'Ervy. Rare. Etage aptien.

Musée de Troyes, coll. Deloisy, Berthelin, ma collection.

Loc. autres que l'Aube. — Auxerre, Venoy, Gy-l'Evêque,

Leugny, etc. (Yonne). Néocomien moyen. — Morteau (Doubs) ; Mauremont, La Rusille près Orbe (Suisse). Néocomien sup. (urgonien).

N° 36. CIDARIS MURICATA, Rœmer, 1836.

Cidaris muricata, Rœmer, *Norddeutsch. Oolith. gebirg.*, p. 26, pl. I, fig. 22, 1836. — *Cidaris Autissiodorensis*, Cotteau, *Catal. des Ech. néoc. du dép. de l'Yonne*, Bull. soc. des sc. hist. et nat. de l'Yonne, t. V, p. 282, 1851. — *Cidaris hirsuta, Etudes sur les Ech. foss. du dép. de l'Yonne*, t. II, p. 14, pl. XLVII, fig. 9-12, 1857. — *Cidaris muricata*, Cotteau, *Paléont. franc., terr. crét.*, t. VII, p. 195, pl. 1154, fig. 5-18, 1862. — *Id., Etudes sur les Ech. foss. de l'Yonne*, p. 133, 1863.

Le test de cette espèce n'est connu que par quelques plaques isolées qui ont beaucoup de rapports avec les plaques du *Rhabdocidaris Salviensis*, sans qu'il soit possible cependant de se prononcer sur leur identité.

Les radioles sont allongés, subcylindriques, quelquefois fusiformes, garnis de granules fins et homogènes, assez irrégulièment disposés, et d'épines très-fortes, inégales, subtriangulaires, acérées ; l'extrémité du radiole paraît souvent tronquée et se termine alors par une étoile ou quelques épines saillantes.

LOCALITÉS. — Fouchères, Marolles-sous-Lignières. Assez commun. Néocomien moyen.

Ecole des Mines (coll. Dupin), Musée de Troyes, coll. Berthelin, ma collection.

LOC. AUTRES QUE L'AUBE. — Flogny, Auxerre, Fontenoy, Leugny, etc. (Yonne) ; Saint-Dizier, Vassy (Haute-Marne) ; Germigney (Haute-Saône), etc.

N° 37. CIDARIS GAULTINA, Forbes, 1854.

Cidaris Gaultina, Forbes in Morris, *Catal. of. Birit. foss.*, 2 nd, ed., p. 74, 1854. — *Cidaris . . . . . .*, Cotteau, *Etudes sur les Ech. foss. de l'Yonne*, t. II, p. 180, pl. LXIV, fig. 13-14, 1864. — *Cidaris Gaultina*, Wright, *Monog. of the Brit. foss. Echinod., cret. Form.*, p. 36, pl. I, fig. 2-3, 1864.

Dans nos *Etudes sur les Echinides fossiles de l'Yonne*, nous avons décrit et figuré, sans lui donner de nom spécifique, un fragment de radiole de *Cidaris* recueilli dans l'étage albien de l'Aube. En comparant cet exemplaire au radiole du *Cidaris Gaultina*, que M. Wright vient de figurer dans son ouvrage sur les oursins crétacés d'Angleterre, nous croyons devoir le rapporter à cette même espèce. Notre échantillon, comme les radioles attribués aux *Cidaris Gaultina*, est allongé, subcylindrique, garni de granules inégaux, arrondis, disposés en séries longitudinales, régulières. L'espace qui sépare les séries de granules est couvert de stries linéaires, subchagrinées, visibles seulement à la loupe.

LOCALITÉ. — Gérosdot. Très-rare. Etage albien.

Musée de Paris (coll. d'Orbigny).

LOC. AUTRE QUE L'AUBE. — Folkstone (Angleterre). Etage albien.

N° 38. CIDARIS VESICULOSA, Goldfuss, 1826.

Cidaris vesiculosa, Goldfuss, *Petref. Germaniœ,* t. I, p. 120, pl. XI, fig. 2, 1826. — *Id.,* Leymerie et Raulin, *Stat. géol. de l'Yonne,* p. 620, 1858. — *Id.,* Cotteau, *Paléont. franc., terr. crét.,* t. VII, p, 222, pl. 1050 et 1051, fig. 1-6, 1862. — *Cidaris hirudo* (pars), Cotteau, *Paléont. franc., terr. crét.,* t. VII, p. 244, pl. 1054 *bis,* fig. 6-16, 1862. — *Id.,* Cotteau, *Etudes sur les Ech. de l'Yonne,* t. II, p. 212, pl. LXVII, fig. 1-3, 1865.

Le type du *Cidaris vesiculosa,* parfaitement reconnaissable à sa taille moyenne, à ses tubercules espacés, très-petits à la face supérieure, beaucoup plus gros vers l'ambitus, à sa zône miliaire remplie de granules fins et serrés, à ses ambulacres garnis de six rangées de granules homogènes, se rencontre dans l'Aube, et M. Deloisy nous en a communiqué un exemplaire parfaitement caractérisé, et qui ne nous laisse aucun doute sur son identité spécifique.

Nous rapportons également au *Cidaris vesiculosa* certains exemplaires de *Cidaris* de taille beaucoup plus forte qu'on rencontre associés au précédent dans les carrières de Saint-Parres, et qui présentent les mêmes caractères que l'échantillon de la craie de Neuvy-Sautour, que nous avons figuré récemment dans nos *Etudes sur les Echinides de l'Yonne,* comme une variété *major* du *Cidaris vesiculosa.* C'est à ces *Cidaris* de grande taille qu'appartiennent, sans aucun doute, les radioles allongés, subcylindriques, fusiformes, garnis de stries fines, régulières, granuleuses, assez abondants dans la craie de Saint-

Parres-les-Tertres, et que nous avions à tort, dans la *Paléontologie française,* réunis au *Cidaris hirudo,* qui, en Angleterre et dans le Nord de la France, occupe un horizon plus élevé.

LOCALITÉ. — Saint-Parres-les-Tertres. Assez rare. Etage cénomanien.

Musée de Troyes, coll. Berthelin, Deloisy, ma collection.

LOC. AUTRES QUE L'AUBE. — Partout où la présence de l'étage cénomanien a été constatée.

N° 39. CIDARIS VELIFERA, Bronn, 1835.

Pl. II, fig. 3-11.

Cidaris velifera, Bronn, *Jahrb,* p. 154, 1825. — *Id.,* Cotteau, *Paléont. franc., terr. crét.,* t. VII, p. 241, pl. 1054, fig. 14-21, 1863. — *Id.,* Cotteau, *Etudes sur les Ech. foss. de l'Yonne,* t. II, p. 221, pl. LXVII, fig. 8-10, 1865.

Lorsque nous avons décrit et figuré cette espèce, dans la *Paléontologie française,* nous ne connaissions que les radioles. M. Wright a découvert récemment le test, et dans son grand ouvrage sur les Echinides d'Angleterre, il a figuré un fragment auquel adhèrent encore un certain nombre de radioles. M. Berthelin a recueilli, dans la craie cénomanienne de Saint-Parres, un *Cidaris* qui présente de grands rapports avec le test décrit par M. Wright, et que nous n'hésitons pas, par cela même, à considérer comme le test du *Cidaris velifera.* Il nous paraît utile d'en donner la description.

Espèce de petite taille, circulaire, médiocrement renflée. Zônes porifères assez larges, déprimées, subflexueuses à la partie supérieure, presque droites en se rapprochant du péristome. Aires ambulacraires garnies de quatre rangées de granules ; les deux rangées externes, plus développées que les autres et très-distinctement mamelonnées, sont placées tout-à-fait sur les bords des zônes porifères ; les deux rangées internes sont formées de granules plus petits, plus espacés, paraissant, dans la région infra-marginale, disposés deux à deux et obliquement. Vers le sommet les granules internes diminuent de volume, disparaissent, et les deux rangées se réduisent à une seule. Tubercules interambulacraires assez gros, à base lisse, surmontés d'un mamelon saillant, large, presque toujours perforé, au nombre de cinq à six par série. Le scrobicule qui les entoure est étroit, déprimé et bordé d'un cercle granulaire distinct. Zône miliaire assez étendue, remplie ds granules abondants, serrés, inégaux, épars. Péristome médiocrement ouvert, arrondi, subpentagonal. Appareil apical plus grand que le péristome, subcirculaire. Hauteur, 8 millimètres; diamètre, 18 millimètres.

Le test que nous venons de décrire, de même que celui que M. Wright a figuré, se rapproche beaucoup du *Cidaris clavigera* qu'on rencontre ordinairement à un horizon plus élevé. Les deux espèces diffèrent surtout par la forme de leurs radioles plus petits, plus globuleux chez le *Cidaris velifera* et garnis de granules plus espacés et plus irrégulièrement disposés.

LOCALITÉ. — Saint-Parres-les-Tertres. Rare. Etage cénomanien.

Collection Berthelin.

Loc. AUTRES QUE L'AUBE. — Neuvy-Sautour (Yonne); Cap-la-Hève (Seine-Inférieure); La Madeleine près Vernon (Eure), etc.

EXPL. DES FIGURES. — Pl. II, fig. 3, *Cidaris velifera*, de la coll. de M. Berthelin, vu de côté; fig. 4, face sup.; fig. 5, face inf.; fig. 6, fragment grossi des aires ambulacraires; fig. 8 et 10, radioles; fig. 9 et 11, radioles grossis.

No 40. CIDARIS BERTHELINI, Cotteau, 1862.

Pl. II, fig. 12-17.

Cidaris Berthelini, Cotteau, *Paléont. franc., terr. crét.*, t. VII, p. 242, pl. 1054 *bis*, fig. 1-5, 1862. — *Id.*, *Etudes sur les Ech. foss. de l'Yonne*, t. II, p. 219, pl. LXVII, fig. 6-7, 1865.

Nous ne possédons que les radioles de cette espèce; ils sont gros, renflés, pyriformes, à sommet arrondi, garnis, sur toute leur surface, de petits granules épineux, serrés, inégaux, disposés en séries longitudinales assez régulières. Souvent les granules cessent de former des séries linéaires, et paraissent moins épineux; l'espace intermédiaire est tantôt chagriné et tantôt couvert d'épines microscopiques et serrées. La collerette est courte et striée, l'anneau saillant, la facette articulaire lisse et perforée.

C'est à M. Berthelin que nous devons la connaissance de ce radiole fort rare. Tout récemment M. Deloisy nous a communiqué un certain nombre d'exemplaires dont la taille et la forme sont très-variables. Nous avons cru devoir faire figurer quelques-uns d'entre eux.

Ce n'est pas sans quelque hésitation que nous maintenons comme espèce distincte les radioles du *Cidaris Berthelini*. Malgré leur taille beaucoup plus forte, leur forme plus allongée, les granules plus fins et plus serrés dont ils sont recouverts, peut-être arrivera-t-on à les rapporter au *Cidaris velifera*. Cependant, quant à présent, et tant qu'on n'aura pas rencontré les radioles de ces deux espèces réunis au même test, nous croyons plus naturel de les séparer.

LOCALITÉ. — Saint-Parres-les-Tertres. Rare. Etage cénomanien.

Musée de Troyes, coll. Berthelin, Deloisy, ma collection.

LOC. AUTRE QUE L'AUBE. — Neuvy-Sautour (Yonne).

EXPL. DES FIGURES. — Pl. II, fig. 12, 13, 14, 15 et 16, radioles du *Cidaris Berthelini;* fig. 17, base du radiole grossie; fig. 18, fragment grossi.

Nº 41. CIDARIS UNIFORMIS, Sorignet, 1850.

Cidaris uniformis, Sorignet, *Ours. foss. de l'Eure,* p. 18, 1850. — *Id.,* Cotteau, *Paléont. franc., terr. crét.,* t. VII, p. 239, pl. 1054, fig. 8-13, 1862. — *Id., Etudes sur les Ech. foss. de l'Yonne,* t. II, p. 217, pl. XLVII, fig. 4-5, 1865.

Le terrain cénomanien de l'Aube ne nous a fourni que quelques fragments pouvant être rapportés à cette espèce; ils se reconnaissent à leur forme allongée, subcylindrique, aux cotes longitudinales, saillantes, subdentelées, régulières, dont leur surface est ornée.

LOCALITÉ. — Saint-Parres-les-Tertres. Très-rare. Etage cénomanien.

Coll. Berthelin.

LOC. AUTRES QUE L'AUBE. — Neuvy-Sautour, Saint-Fargeau (Yonne); Le Hâvre (Seine-Inférieure); Fourneaux, La Madeleine (Eure).

XIXᵉ Genre. RHABDOCIDARIS, Desor, 1855.

N° 42. RHABDOCIDARIS SALVIENSIS, Cotteau, 1857.

Cidaris Salviensis, Cotteau, *Catal. méth. des Ech. néoc.,* Bull. soc. des sc. hist. et nat. de l'Yonne, t. V, p. 282, 1851. — *Rhabdocidaris Salviensis,* Cotteau, *Etudes sur les Ech. foss. de l'Yonne,* t. II, p. 16, pl. XLVIII, fig. 1-4, 1857. — *Cidaris Salviensis,* Leymerie et Raulin, *loc. cit.,* p. 620, 1858. — *Rhabdocidaris Salviensis,* Cotteau, *Paléont. franc., terr. crét.,* t. VII, p. 341, pl. 1080, fig. 5-15, 1862.

Le *Rhabdocidaris Salviensis* offre, au premier aspect, beaucoup de ressemblance avec le *Cidaris Lardyi.* Ainsi que nous l'avons établi dans nos *Echinides de l'Yonne* et plus tard dans la *Paléontologie française,* les deux espèces sont bien distinctes et le *Rhabd. Salviensis* sera toujours reconnaissable à ses pores unis par un sillon, à ses ambulacres plus flexueux, plus étroits, présentant deux rangées de granules qui augmentent sensiblement de volume près de la bouche, à ses tubercules interambulacraires plus développés, plus fortement mamelonnés, à scrobicules plus larges, plus déprimés et entourés de granules plus apparents. Il se pourrait que les radioles du *Cidaris muricata* armés d'épines épaisses et saillantes comme presque tous les radioles de *Rhabdocidaris* appartinssent à l'espèce qui nous occupe. Si cette identité, sur laquelle nous avons déjà appelé l'attention, était démontrée d'une manière certaine par la découverte d'un test muni encore de quelques-uns de ses radioles, l'espèce devrait quitter le nom de *Salviensis* et reprendre celui de *Rhabdocidaris muricata.*

LOCALITÉ. — Courtenot. Assez commun. Néocomien moyen.

Musée de Troyes, ma collection.

LOC. AUTRES QUE L'AUBE. — Auxerre, Saint-Sauveur (Yonne) ; Saint-Dizier (Haute-Marne).

XXᵉ Genre. HEMICIDARIS, Agassiz, 1840.

N° 43. HEMICIDARIS CLUNIFERA, Desor, 1858.

(Agassiz, 1836.)

Cidaris clunifera, Agassiz, *Note sur les foss. du Jura Neuchatelois,* Mém. soc. des sc. nat. de Neuchatel, t. I, p. 142, pl. XIV, fig. 16-18, 1836.

— *Id.*, Cotteau, *Catal. méth. des Ech. néocomiens*, Bull. soc. des sc. hist. et nat. de l'Yonne, t. V, p. 282, 1851. — *Hemicidaris Neocomiensis*, Cotteau, *Id.*, p. 283. — *Hemicidaris clunifera et Neocomiensis*, Cotteau, *Etudes sur les Ech. foss. du dép. de l'Yonne*, t. II, p. 19 et 21, pl. XLVII, fig. 13-15, et pl. XLVIII, fig. 5-9, 1857. — *Cidaris clunifera et Hemicidaris Neocomiensis*, Leymerie et Raulin, *Stat. géol. de l'Yonne*, p. 620 et 621, 1858. — *Hemicidaris clunifera*, Cotteau, *Paléont. franc., terr. crét.*, t. VII, p. 387, pl. 1089, fig. 6-16, et pl. 1090, fig. 6-18, 1863.

Le test de cette espèce est parfaitement caractérisé par ses ambulacres étroits et très-flexueux, ses tubercules interambulacraires largement développés, profondément crénelés, au nombre de quatre à cinq par série, sa zône miliaire étroite, sinueuse, occupée, ainsi que l'intervalle qui sépare les tubercules, par des granules inégaux, épars, beaucoup plus petits que ceux qui entourent les tubercules, par son péristome très-grand, à fleur du test, muni d'entailles peu apparentes. Les radioles, beaucoup plus fréquents que le test, ont été longtemps considérés comme appartenant à une espèce distincte. M. Desor, en découvrant dans le terrain néocomien des environs de Neuchâtel un échantillon qui présente, empâtés dans la même roche, le test et les radioles, a levé toute incertitude à ce sujet. Les radioles de l'*Hemicidaris clunifera* sont de forte taille, ovoïdes, glandiformes, quelquefois étranglés au milieu, à sommet plus ou moins obtus, garnis, sur toute leur surface, de petits granules serrés, aplatis, plus ou moins apparents, épars ou disposés en séries linéaires très-fines.

LOCALITÉS. — Fouchères, Marolles-sous-Lignières. Rare. Terrain néocomien moyen.

Coll. Berthelin, ma collection.

LOC. AUTRES QUE L'AUBE. — Flogny, Venoy, Gy-l'Evêque, Saints, etc. (Yonne); Morteau (Doubs); Orgon (Bouches-du-Rhône); Mauremont, la Russille près Orbe, environs de Neuchâtel, mont Salève (Suisse).

XXIᵉ Genre. PSEUDODIADEMA, Desor, 1856.

Nº 44. PSEUDODIADEMA BOURGUETI, Desor, 1856.

Diadema Bourgueti, Agassiz, *Desc. des Echinod. foss. de la Suisse*, 2ᵉ partie, p. 6, pl. XVI, fig. 6-10, 1840. — *Id.*, Cotteau, *Catal. méth. des Ech. néoc. du dép. de l'Yonne*, Bull. soc. des sc. hist. et nat. de l'Yonne, t. V, p. 285, 1851. — *Diadema Foucardi*, Cotteau, *Id.*, p. 286. — *Pseudo-*

diadema Bourgueti, Cotteau, *Etudes sur les Ech. foss. de l'Yonne*, t. II, p. 27, pl. XLIX, fig. 6-14, pl. L, fig. 1-6, 1857. — *Diadema Bourgueti et Foucardi*, Leymerie et Raulin, *Stat. géol. du dép. de l'Yonne*, p. 621, 1858. — *Pseudod. Bourgueti*, *Paléont. franc., terr. crét.*, t. VII, p. 415, pl. 1095, fig. 15-19, pl. 1096 et 1097, fig. 1-11, 1863.

Nous ne reviendrons pas sur la description de cette espèce, l'une des plus abondantes et des mieux connues de l'étage néocomien, et qui sera toujours reconnaissable à ses tubercules principaux apparents surtout vers l'ambitus, et diminuant de volume à la face supérieure, à ses tubercules secondaires très-peu nombreux et relégués dans la région infra-marginale des interambulacres, aux granules fins, abondants, serrés, qui garnissent l'espace intermédiaire.

La plupart des variétés que nous avons décrites dans nos *Echinides du département de l'Yonne*, et plus récemment encore, dans la *Paléontologie française*, se retrouvent dans les couches néocomiennes du département de l'Aube.

LOCALITÉS. — Vendeuvre-sur-Barse, Ville-sur-Terre, Marolles-sous-Lignières. Assez commun. Néocomien moyen.

Musée de Troyes, Ecole des Mines, ma collection.

LOC. AUTRES QUE L'AUBE. — Partout où le terrain néocomien a été signalé.

N° 45. PSEUDODIADEMA ROTULARE, Desor, 1856.

Diadema rotulare, Agassiz, *Notice sur les foss. du terr. crétacé du Jura Neuchatelois*, Mém. soc. des sc. nat. de Neuchatel, t. I, p. 139, 1836.— *Id.*, Cotteau, *Catal. méth. des Ech. néoc.*, Bull. soc. des sc. hist. et nat. de l'Yonne, t. V, p. 285, 1851. — *Diadema Periqueti*, *Id.*, p. 286. — *Pseudodiadema rotulare*, Cotteau, *Etudes sur les Ech. de l'Yonne*, t. II, p. 24, pl. XLIX, fig. 1-5, 1857. — *Id.*, Leymerie et Raulin, *Stat. géol. du dép. de l'Yonne*, p. 622, 1858. — *Id.*, Cotteau, *Paléont. franc., terr. erét.*, t. VII, p. 424, pl. 1097, fig. 11-13, pl. 1098 et 1099, 1863.

Le *Pseudodiadema rotulare* est moins fréquent que le précédent, avec lequel on le rencontre ordinairement associé; il en diffère par ses tubercules principaux moins développés, plus serrés, plus homogènes, par ses tubercules secondaires plus nombreux, plus apparents et plus régulièrement disposés, par ses granules intermédiaires plus grossiers, plus inégaux et moins abondants, par son péristome plus enfoncé et plus étroit.

LOCALITÉS. — Thieffrain, Vendeuvre-sur-Barse, Marolles-sous-Lignières. Assez abondant. Néocomien moyen.

Toutes les collections.

LOC. AUTRES QUE L'AUBE. — Partout où le terrain néocomien a été signalé.

Nº 46. PSEUDODIADEMA AUTISSIODORENSE, Cotteau, 1859.

Diadema Autissiodorense et Robinaldinum, Cotteau, *Catal. méth. des Ech. néocomiens*, Bull. soc. des sc. hist. et nat. de l'Yonne, t. V, p. 285, 1851. — *Id.*, Leymerie et Raulin, *Stat. géol. du dép. de l'Yonne*, p. 621, 1858. — *Pseudodiadema Autissiodorense et Robinaldinum*, Cotteau, *Etudes sur les Ech. foss. de l'Yonne*, t. II, p. 35 et 40, pl. LI, fig. 17, pl. LII, fig. 14, 1859. — *Id.*, Cotteau, *Paléont. franc., terr. crét.*, t. VII, p. 428, pl. 1100 et 1101, fig. 1-6, 1863.

Cette espèce offre, au premier aspect, quelque ressemblance avec le *Pseudod. rotulare ;* elle s'en distingue nettement par ses tubercules secondaires plus abondants, plus gros, plus régulièrement disposés, s'élevant plus haut au-dessus de l'ambitus, par sa face inférieure beaucoup plus tuberculeuse et surtout par ses pores sensiblement dédoublés près du sommet.

Les variétés que présente le *Ps. Autissiodorense* sont assez nombreuses. Celle qu'on rencontre le plus habituellement dans les départements de l'Aube et de l'Yonne, et qui peut être considérée comme le type de cette espèce, est remarquable par sa taille moyenne, sa forme circulaire et légèrement renflée en dessus, ses tubercules secondaires beaucoup moins développés que les autres et formant seulement, de chaque côté des tubercules principaux, une rangée qui s'atténue et disparaît à la face supérieure. C'est à peine si l'on distingue, dans la région inframarginale et vers l'ambitus, sur le bord des zones porifères et au milieu des rangées principales, quelques petits tubercules inégaux et épars se confondant avec les granules.

LOCALITÉ. — Marolles-sous-Lignières. Très-rare. Néocomien moyen.

Ma collection.

LOC. AUTRES QUE L'AUBE. — Auxerre, Monéteau, Saint-Sauveur (Yonne) ; Morteau (Doubs).

N° 47. PSEUDODIADEMA PICTETI, Desor, 1856.

Pseudodiadema Picteti, Desor, *Synops. des Ech. foss.*, p. 71, 1857. — *Id.*, Cotteau, *Études sur les Ech. foss. de l'Yonne*, t. II, p. 156, pl. LXIII, fig. 5-9, 1863. — *Id.*, Cotteau, *Paléont. franc., terr. crét.*, t. VII, p. 435, pl. 1102, fig. 6-13, 1863.

Le *Pseudodiadema Picteti* constitue un type assez nettement tranché, que caractérisent sa forme subpentagonale, déprimée en dessus et en dessous, ses pores dédoublés près du sommet, ses tubercules interambulacraires saillants, à peine scrobiculés, se touchant par la base, formant quatre rangées distinctes, sa zône miliaire nulle, son péristome assez grand s'ouvrant dans une dépression à peine sensible.

LOCALITÉ. — Marolles-sous-Lignières. Rare. Néocomien sup.

Ecole des Mines (coll. Dupin).

LOC. AUTRES QUE L'AUBE. — Auxerre (Yonne); Censeau (Jura), etc.

N° 48. PSEUDODIADEMA RAULINI, Desor, 1856.

Diadema Raulini, Cotteau, *Catal. des Ech. néoc.*, Bull. soc. des sc. hist. et nat. de l'Yonne, t. V, p. 286, 1851. — *Id.*, Leymerie et Raulin, *loc. cit.*, p. 621, 1858. — *Pseudodiadema Raulini*, Cotteau, *Études sur les Ech. foss. de l'Yonne*, t. II, p. 38, pl. LI, fig. 8-11. 1859. — *Id.*, *Paléont. franc., terr. crét.*, t. VII, p. 439, pl. 1103, 1863.

Le *Pseud. Raulini*, mentionné pour la première fois en 1851, sera toujours reconnaissable à sa forme très-déprimée et sensiblement pentagonale, à ses pores ambulacraires largement bigéminés près du sommet et sur une grande partie de la face supérieure, à ses ambulacres légèrement renflés, à ses tubercules ambulacraires et interambulacraires se rapprochant, par leur disposition, de ceux du *Ps. Picteti*, tout en étant plus gros, plus nombreux et diminuant plus rapidement de volume à la face supérieure qui paraît presque nue, à son appareil apicial très-grand et pentagonal.

LOCALITÉ. — Marolles-sous-Lignières. Très-rare. Néocomien moyen.

Ecole des Mines (coll. Dupin).

LOC. AUTRES QUE L'AUBE. — Auxerre (Yonne); Bovaresse, can-

ton de Neuchatel (Suisse). Très-rare. Néocomien supérieur
(urgonien).

N° 49. PSEUDODIADEMA DUPINI, Cotteau, 1863.

Pseud. Dupini, Cotteau, *Etudes sur les Ech. foss. du dép. de l'Yonne*,
t. II, p. 159, pl. LXIII, fig. 10-11, 1863. — *Id., Paléont. franc., terr. crét.*,
t. VII, p. 514, pl. 1123, fig. 18-20, 1864.

Nous ne connaissons de cette espèce que quelques radioles
isolés ; ils sont de petite taille, grêles, allongés, subcomprimés,
aciculés, lisses en apparence, garnis, sur toute la tige, de côtes
longitudinales très-délicates, égales, atténuées, régulièrement
espacées. La collerette est distincte, longue, striée, séparée de
la tige par une ligne à peine oblique. L'anneau saillant présente de fortes crénelures qui ne se prolongent pas sur le bouton.

LOCALITÉ. — Les Croûtes, près d'Ervy. Rare. Etage aptien,
zône de la *Terebratella Asteriana*.

Ecole des Mines (coll. Dupin).

LOC. AUTRE QUE L'AUBE. — Saint - Georges près Auxerre
(Yonne).

N° 50. PSEUDODIADEMA RHODANI, Desor, 1855.

(Agass., 1840.)

Diadema Rhodani, Agassiz, *Desc. des Ech. foss. de la Suisse*, t. II, p. 9,
pl. XVI, fig. 6-18, 1840. — *Pseudodiadema Rhodani*, Cotteau, *Paléont.
franc., terr. crét.*, t. VII, p. 460, pl. 1100, 1863. — *Id., Etudes sur les
Ech. foss. de l'Yonne*, t. II, p. 180, pl. LXVI, fig. 1-3, 1864.

Cette espèce, l'une des plus caractéristiques de l'étage albien,
se distingue facilement de ses congénères par ses zônes porifères simples et subonduleuses, ses tubercules principaux très-
gros et espacés à la face supérieure, plus petits et plus serrés
aux approches du péristome, ses tubercules secondaires très-
abondants dans la région infra-marginale, et remplacés, au dessus de l'ambitus, par une granulation fine et homogène, son
péristome étroit et profondément déprimé.

Le *Ps. Rhodani* est assez abondamment répandu dans l'étage
albien de la Perte du Rhône. Dans la *Paléontologie française*,

nous avons signalé, pour la première fois, sa présence autour
du bassin pyrénéen, dans la région qui nous occupe.

LOCALITÉ. — Gérosdot. Très-rare. Étage albien.

Ecole des Mines (coll. Dupin).

LOC. AUTRES QUE L'AUBE. — Clars près Escragnolles (Var) ;
Perle du Rhône (Ain).

XXIIe Genre. CYPHOSOMA, Agassiz, 1840.

N° 51. CYPHOSOMA COROLLARE, Agassiz, 1846.

Cyphosoma corollare, Agassiz et Desor, *Catal. rais. des Ech.*, Ann. sc.
nat., 3e sér., t. VI, p. 351, 1846. — *Id.*, Leymerie et Raulin, *loc. cit.*, p. 621,
1858. — *Id.*, Cotteau, *Paléont. franc., terr. crét.*, t. VII, p. 669, pl. 1165,
1865.

Le moule intérieur de cette espèce a seul été rencontré dans
l'Aube, aussi n'est-ce pas sans quelque doute que nous le réunissons au *Cyphosoma corollare*. Du reste, sa forme générale,
sa taille, les empreintes laissées par les tubercules et la suture
des plaques semblent justifier ce rapprochement.

LOCALITÉ. — Forêt d'Othe. Rare. Argiles à silex.

Musée de Troyes.

LOC. AUTRES QUE L'AUBE. — Senneville (Seine-Inférieure) ; La
Herelle (Oise) ; Villeneuve-sur-Yonne (Yonne), etc.

N° 52. CYPHOSOMA RADIATUM, Sorignet, 1850.

Cyphosoma radiatum, Sorignet, *Ours. foss. de l'Eure*, p. 28, 1850. —
Id., Cotteau, *Paléont. franc., terr. crét.*, t. VII, p. 609, pl. 1147, fig. 10-14,
et pl. 1148, 1864.

Le *Cyphosoma radiatum*, assez répandu dans la craie du
nord de la France et de l'Angleterre, forme un type nettement
tranché que caractérisent sa taille médiocrement développée,
ses zônes porifères simples et très-onduleuses, ses tubercules
largement scrobiculés vers l'ambitus et marqués à leur base
d'impressions rayonnantes qui donnent à l'ensemble du test
une physionomie toute particulière, à ses tubercules secondaires très-petits et limités à la face inférieure, à son péristome
étroit et profond.

LOCALITÉ. — Vulaines-sur-Vannes. Très-rare. Etage sénonien inférieur.

Ma collection.

LOC. AUTRES QUE L'AUBE. — Les Ormes, Bontin (Yonne) ; Vernonnet, Pinteville (Eure); Senneville, Tancarville (Seine-Inférieure), etc., etc. Etages turonien et sénonien.

XXIIIe Genre. GONIOPYGUS, Agassiz, 1838.

Test de petite et moyenne taille, circulaire, plus ou moins renflé en-dessus, quelquefois subconique. Pores simples. Tubercules ambulacraires et interambulacraires imperforés, dépourvus de crénelures. Tubercules secondaires nuls. Péristome très-grand, sans entailles profondes. Périprocte subcirculaire, quelquefois carré, le plus souvent subtriangulaire. Appareil apicial largement développé, solide, saillant au-dessus du test, tantôt lisse, tantôt marqué de stries rayonnantes plus ou moins profondes. Pores oviducaux s'ouvrant à l'extrémité externe des plaques génitales et en partie recouverts par l'angle de ces plaques sous lesquelles ils plongent obliquement.

Radioles courts, cylindriques, acuminés au sommet, marqués sur la tige de carènes assez prononcées.

Le genre *Goniopygus* caractérise la formation crétacée ; il commence à se montrer dans les couches inférieures et s'éteint avec les assises les plus supérieures.

N° 53. GONIOPYGUS INTRICATUS, Agassiz, 1838.

(Ag. 1836.)

Goniopygus intricatus, Agassiz, *Monog. des Salenies*, p. 20, pl. III, fig. 9-18, 1838. — *Goniopygus pellatus*, Cotteau, *Catal. méth. des Ech. néoc.*, Bull. soc. des sc. hist. et nat. de l'Yonne, t. V, p. 284, 1851. — *Id.*, Leymerie et Raulin, *loc. cit.*, p. 621, 1858. — *Id.*, Cotteau, *Etudes sur les Ech. de l'Yonne*, t. II, p. 48, pl. LI, fig. 11-14, 1859.

Dans mes *Etudes sur les Echinides fossiles de l'Yonne*, j'ai réuni le *Gon. intricatus* au *Gon. pellatus*, comme l'avaient fait avant moi MM. Agassiz et Desor dans le *Catalogue raisonné des Echinides*. Les deux espèces sont effectivement très-voisines ;

cependant un examen minutieux et détaillé m'a fait saisir des différences assez importantes, remarquables surtout par leur constance, et qui nous engagent à maintenir les deux types dans la méthode. Le *Goniopygus intricatus* affecte une taille toujours plus petite ; ses tubercules, sans être plus nombreux, sont plus saillants à la face supérieure ; son appareil apicial est relativement plus développé, plus rugueux et marqué d'impressions circulaires plus apparentes ; les plaques oviducales forment de grands lobes allongés et dentelés sur les bords. Ces deux *Goniopygus* paraissent d'ailleurs occuper un niveau différent : le *Gon. intricatus* se rencontre dans l'Yonne et dans l'Aube à la partie moyenne de l'étage néocomien, tandis que le *Gon. peltatus,* si fréquent en Suisse, caractérise la zône supérieure du même étage. Il se pourrait que le *Gon. decoratus,* que nous ne connaissons que par la diagnose de quelques lignes donnée par M. Desor, fût identique au *Gon. intricatus.*

LOCALITÉ. — Marolles-sous-Lignières. Très-rare. Néocomien moyen.

Ma collection.

Loc. AUTRES QUE L'AUBE. — Saint-Sauveur, Gy-l'Evêque, Tronchoy (Yonne) ; Fontanil (Isère) ; Merdasson (Suisse).

XXIV⁰ Genre. CODIOPSIS, Agassiz, 1840.

Test de taille moyenne, renflé, globuleux, subpentagonal. Pores simples. Tubercules ambulacraires et interambulacraires médiocrement développés, à base lisse, dépourvus de crénelures, présentant cela de particulier qu'ils sont limités à la face inférieure. Le surplus du test était garni, pendant la vie de l'animal, de mamelons radioliformes qui presque toujours ont disparu ; il offre un aspect lisse, mais en réalité, lorsqu'on l'examine à la loupe, il présente une structure finement ridée au milieu de laquelle se montrent un grand nombre de petites empreintes subcirculaires, indiquant la place des mamelons. Péristome dépourvu d'entailles profondes. Appareil apicial solide, à fleur du test.

Le genre *Codiopsis* est spécial au terrain crétacé et ne renferme qu'un petit nombre d'espèces.

N° 54. CODIOPSIS LORINI, Cotteau, 1851.

Codiopsis Lorini, Cotteau, *Catal. mét. des Ech. néoc.*, Bull. soc. des sc. hist. et nat. de l'Yonne, t. V, p. 287, 1851. — *Id.*, Leymerie et Raulin, *loc. cit.*, p. 621, 1858. — *Id.*, Cotteau, *Etudes sur les Ech. foss. de l'Yonne*, t. II, p. 52, pl. LII, fig. 15-16, pl. LIII, fig. 1-4, 1859.

C'est en 1851 que nous avons décrit pour la première fois cette jolie espèce : sa petite taille, sa forme pentagonale, sa face supérieure hémisphérique et subcostulée, sa face inférieure plane, son péristome largement ouvert, son appareil apicial saillant et granuleux la séparent très-nettement des individus jeunes du *Codiopsis Doma*.

Un des deux exemplaires que nous a communiqués M. Dupin, et qui fait aujourd'hui partie de la collection de l'Ecole des mines, est encore recouvert en grande partie de ses mamelons radioliformes : ce sont de véritables verrues serrées, inégales, épaisses ; le test qu'elles recouvrent parait à la loupe finement ponctué et chagriné.

LOCALITÉ. — Marolles-sous-Lignières. Très-rare. Néocomien moyen.

Ecole des mines (coll. Dupin).

LOC. AUTRES QUE L'AUBE. — Auxerre, Tronchoy (Yonne).

XXVe Genre. PSAMMECHINUS, Agassiz, 1846.

Test de petite et moyenne taille, plus ou moins renflé. Pores disposés par triples paires obliques. Tubercules ambulacraires et interambulacraires imperforés, non crénelés, médiocrement développés, formant des séries multiples, mais d'inégale grosseur. Péristome médiocrement ouvert, marqué d'entailles peu profondes.

Radioles en forme d'épines, d'apparence lisse, mais en réalité couverts de stries fines et longitudinales.

Le genre *Psammechinus* se rencontre dans les terrains crétacé et tertiaire, et est assez abondamment répandu dans les mers actuelles.

N° 55. Psammechinus fallax, Desor, 1856.

(Ag. 1840.)

Echinus fallax, Agassiz, *Ech. foss. de la Suisse*, t. II, p. 86, pl. XXII, fig. 7-9, 1840. — *Id.*, Cotteau, *Catal. méth. des Ech. néocomiens*, Bull. soc. des sc. hist. et nat. de l'Yonne, t. V, p. 288, 1851. — *Echinus Rathieri, Id.* — *Echinus fallax et Rathieri*, Leymerie et Raulin, *loc. cit.*, p. 622, 1858. — *Psammechinus fallax*, Cotteau, *Etudes sur les Ech. de l'Yonne*, t. II, p. 54, pl. LIII, fig. 5-10, 1859.

Cette espèce, toujours rare dans le terrain néocomien, se reconnait à sa taille médiocrement développée, à sa forme subhémisphérique, à ses pores régulièrement disposés par triples paires, à ses tubercules principaux petits et largement espacés à la face supérieure, plus serrés et plus développés dans la région infra-marginale, à ses tubercules secondaires presque aussi gros que les tubercules principaux, formant, vers l'ambitus, dans les interambulacres, quatre ou six rangées irrégulières qui disparaissent en se rapprochant du sommet, à ses granules intermédiaires fins, serrés, homogènes, laissant, près du sommet, le milieu des interambulacres presque nu, à son périprocte largement ouvert, irrégulièrement ovale, à son péristome de moyenne étendue, circulaire, marqué de légères entailles, à son appareil apical solide et granuleux.

Localité. — Marolles-sous-Lignières. Rare Néocomien moyen.

Ecole des mines (coll. Dupin).

Loc. autres que l'Aube. — Auxerre, Gy-l'Evêque, Leugny, Tronchoy (Yonne) ; Morteau (Doubs).

———

Nous connaissons soixante-seize espèces d'Echinides recueillis dans les terrains jurassique et crétacé du département de l'Aube.

Le tableau suivant montre leur répartition dans les divers étages.

NOMS DES GENRES ET DES ESPÈCES.	CORAL-RAG SUP. ET CALCAIRE A ASTARTES.	KIMMÉRIDGIEN.	NÉOCOMIEN.	APTIEN.	ALBIEN.	CÉNOMANIEN.	TURONIEN.	SÉNONIEN.
Echinospatagus cordiformis, Breyn			*					
— Ricordeanus, Cotteau			*					
— Collegnii, d'Orbigny				*				
Heteraster oblongus, d'Orbigny			*					
Hemiaster minimus, Desor					*			
Micraster cortestudinarium, Agassiz								*
— Leskei, d'Orbigny								*
— gibbus, Agassiz								*
Epiaster Ricordeanus, Cotteau					*			
Holaster intermedius, Agassiz			*					
— latissimus, Agassiz					*			
— Trecensis, Leymerie							*	
— carinatus, d'Orbigny						*		
— sub-globosus, Agassiz						*		
— planus, Agassiz								*
Echinocorys vulgaris, Breyn								*
Offaster pilula, Desor								*
Dysaster anasteroïdes, Leymerie		*						
Echinobrissus Olfersi, d'Orbigny			*					
Phyllobrissus Gresslyi, Cotteau			*					
Clypeopygus Robinaldinus, d'Orbigny			*					
Botriopygus obovatus, d'Orbigny			*					
— minor, d'Orbigny			*					
Pygurus Blumenbachi, Agassiz	*							
— Hausmanni, Agassiz	*							
— Jurensis, Marcou		*						
— Royerianus, Cotteau		*						
— Montmolini, Agassiz			*					
Echinoconus sub-rotundus, d'Orbigny						*		
— conicus, Breyne								*
— sub-conicus, d'Orbigny								*
— vulgaris, d'Orbigny								*
— icaunensis, Cotteau								*
Discoïdea subuculus, Klein						*		
— cylindrica, Agassiz						*		
Holectypus Corallinus, d'Orbigny		*						
— macropygus, Desor			*					
Acrosalenia decorata, Wright		*						
Peltastes stellulata, Agassiz			*					
— Lardyi, Cotteau				*				
	2	5	12	2	3	5	1	10

NOMS DES GENRES ET DES ESPÈCES.	CORAL-RAG SUP. ET CALCAIRE A ASTARTES.	KIMMÉRIDGIEN.	NÉOCOMIEN.	APTIEN.	ALBIEN.	CÉNOMANIEN.	TURONIEN.	SÉNONIEN.
	2	5	12	2	3	5	1	10
Salenia mamillata, Cotteau					*			
Cidaris florigemma, Phillips	*			*				
— philastarte, Thurmann	*							
— Lardyi, Desor			*	*				
— muricata, Rœmer			*					
— Gaultina, Forbes					*			
— vesiculosa, Goldfus								
— velifera, Bronn							*	
— Berthelini, Cotteau							*	
— uniformis, Sorignet							*	
Rhabdocidaris Orbignyana, Desor		*						
— Salviensis, Cotteau			*					
Hemicidaris Ricetensis, Cotteau	*							
— Gresslyi, Etallon	*							
— Purbeckensis, Forbes		*						
— Desoriana, Cotteau		*						
— Hoffmanni, Desor		*						
— pisum, Cotteau		*						
— Leymeriei, Cotteau		*						
— clunifera, Desor			*					
Pseudodiadema sub-angulare, Desor	*							
— neglectum, Desor	*	*						
— Bourgueti, Desor			*					
— rotulare, Desor			*					
— Picteti, Desor			*					
— Raulini, Desor			*					
— Autissiodorense, Cotteau			*					
— Dupini, Cotteau				*				
— Rhodani, Desor					*			
Cyphosoma supracorallinum, Cotteau		*						
— corollare, Agassiz								*
— radiatum, Sorignet								*
Pedina aspera, Agassiz		*						
Goniopygus intricatus, Agassiz			*					
Codiopsis Lorini, Cotteau			*					
Psammechinus fallax, Desor			*					
	8	14	24	5	5	9	1	12

Vingt et une espèces appartiennent au terrain jurassique et cinquante-cinq au terrain crétacé. Sur les vingt-et-une espèces jurassiques, huit se sont rencontrées dans le coral-rag supérieur, auquel nous réunissons le calcaire à astartes.

Pygurus Blumenbachi.
  — Hausmanni.
Cidaris florigemma.
  — philastarte.

Hemicidaris Ricetensis.
  — Gresslyi.
Pseudodiadema sub-angulare.
  — neglectum.

Les sept premières ne paraissent pas dépasser les couches qui les renferment ; la huitième, *Pseud. neglectum*, se retrouve dans l'étage kimméridgien proprement dit.

Indépendamment du *Pseud. neglectum*, l'étage kimméridgien présente treize autres espèces, en tout quatorze :

Dysaster anasteroïdes.
Pygurus jurensis.
  — Royerianus.
Holectypus corallinus.
Acrosalenia decorata.
Rhabdocidaris Orbignyana.
Hemicidaris Purbeckensis.

Hemicidaris Desoriana.
  — Hoffmanni.
  — pisum.
  — Leymerici.
Pseudodiadema neglectum.
Cyphosoma supracorallinum.
Pedina aspera.

Toutes ces espèces s'éteignent avec les dernières assises de l'étage (1), et aucune d'elles, soit dans l'Aube, soit dans d'autres contrées, ne reparaît à l'époque crétacée. L'examen des oursins de l'Aube vient donc confirmer cette indépendance si souvent constatée qui existe entre la faune du terrain jurassique et celle du terrain crétacé.

Sur les cinquante-cinq espèces crétacées que nous a fourni le département de l'Aube, vingt-quatre proviennent de l'étage néocomien.

Echinospatagus cordiformis.
  — Ricordeanus.
Heteraster oblongus.
Holaster intermedius.
Echinobrissus Olfersi.
Phyllobrissus Gresslyi.
Clypeopygus Robinaldinus.
Botriopygus obovatus.
  — minor.
Pygurus Montmolini.
Holectypus macropygus.
Peltastes stellulata.

Cidaris muricata.
  — Lardyi.
Rhabdocidaris Salviensis.
Hemicidaris clunifera.
Pseudodiadema Bourgueti.
  — rotulare.
  — Picteti.
  — Raulini.
  — Autissiodorense.
Goniopygus intricatus.
Codiopsis Lorini.
Psammechinus fallax.

(1) Plusieurs des espèces, qui dans l'Aube caractérisent l'étage kimméridgien, *Hemicidaris Purbeckensis, Hemicid. pisum*, etc., se rencontrent sur d'autres points, notamment dans la Haute-Marne et la Haute-Saône, au milieu des couches portlandiennes, mais jamais elles ne franchissent les terrains jurassiques.

A l'exception du *Cidaris Lardyi*, dont quelques radioles ont été recueillies dans l'étage aptien, ces espèces sont caractéristiques de l'étage néocomien et disparaissent avec lui. Quelques-unes d'entre elles, plus ou moins abondamment répandues, occupent des horizons qui leur sont propres et viennent, par cela même, très-utilement en aide à la stratigraphie. C'est ainsi que l'*Echinospatagus cordiformis*, les *Pseudodiadema Bourgueti* et *rotulare* et beaucoup d'autres caractérisent les couches moyennes, tandis que l'*Echinospatagus Ricordeanus* se rencontre constamment dans les couches supérieures.

L'étage aptien renferme cinq espèces, quatre qui lui sont propres :

Echinospatagus Collegnii.	*Salenia mamillata.*
Pellastes Lardyi.	*Pseudodiadema Dupini.*

et une cinquième espèce, *Cidaris Lardyi*, qui s'était déjà montrée à l'époque néocomienne.

Cinq espèces toutes parfaitement caractéristiques existent dans l'étage albien :

Hemiaster minimus.	*Cidaris Gaultina.*
Epïaster Ricordeanus.	*Pseudodiadema Rhodani.*
Holaster latissimus.	

Neuf espèces appartiennent à l'étage cénomanien ; toutes paraissent caractéristiques :

Holaster Trecensis.	*Cidaris vesiculosa,*
— *carinatus.*	— *velifera.*
— *sub-globosus*	— *Berthelini.*
Discoïdea subuculus.	— *uniformis.*
— *cylindrica.*	

L'étage turonien n'a offert qu'une seule espèce, l'*Echinoconus subrotundus*.

Douze espèces ont été recueillies soit dans l'étage sénonien, soit dans les argiles à silex remaniés qui le recouvrent :

Micraster cortestudinarium.	*Echinoconus conicus.*
— *Leskei.*	— *sub-conicus.*
— *gibbus.*	— *vulgaris.*
Holaster planus.	— *icaunensis.*
Echinocorys vulgaris.	*Cyphosoma corollare.*
Offaster pilula.	— *radiatum.*

TROYES, IMP. DUFOUR-BOUQUOT.

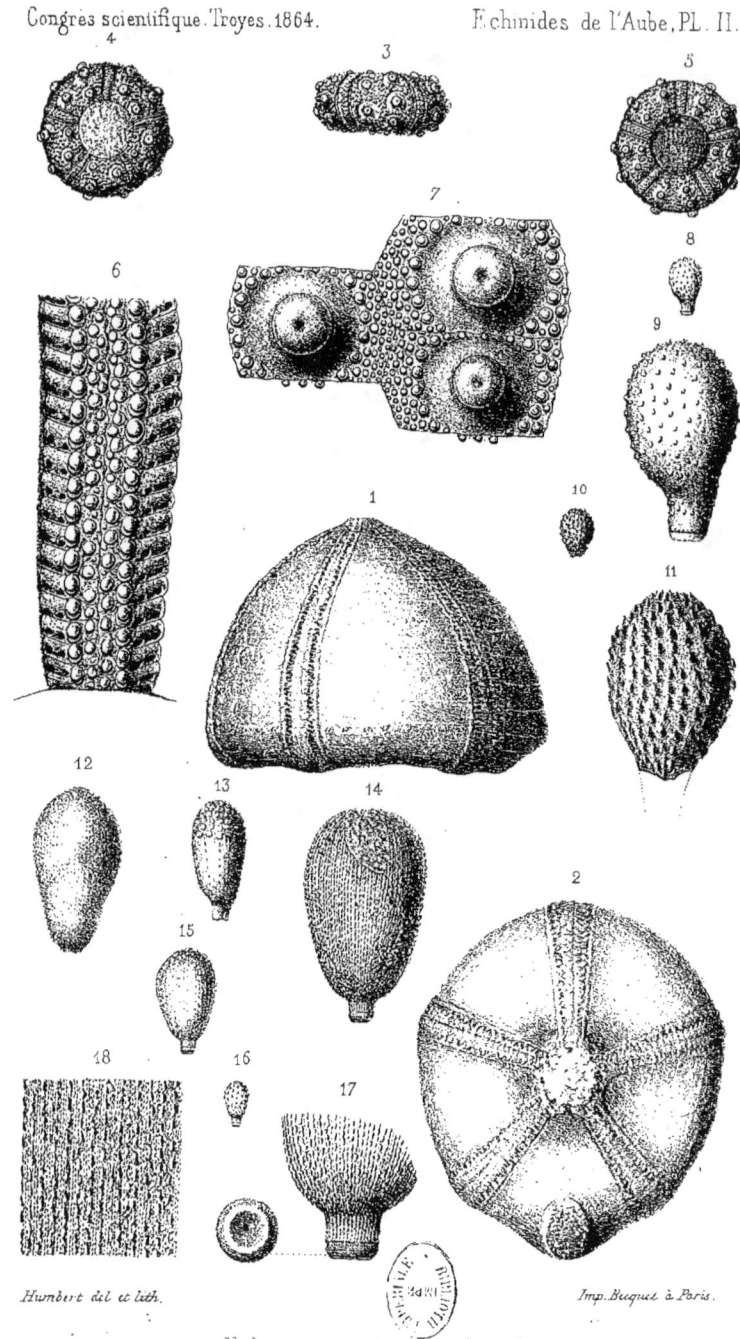

Humbert del et lith.   Imp. Becquet à Paris.

1_2.. Echinoconus icaunensis , Cotteau.
3_11. Cidaris velifera , Bronn.
12_18. C._ _ _ Bertholini . Cotteau.

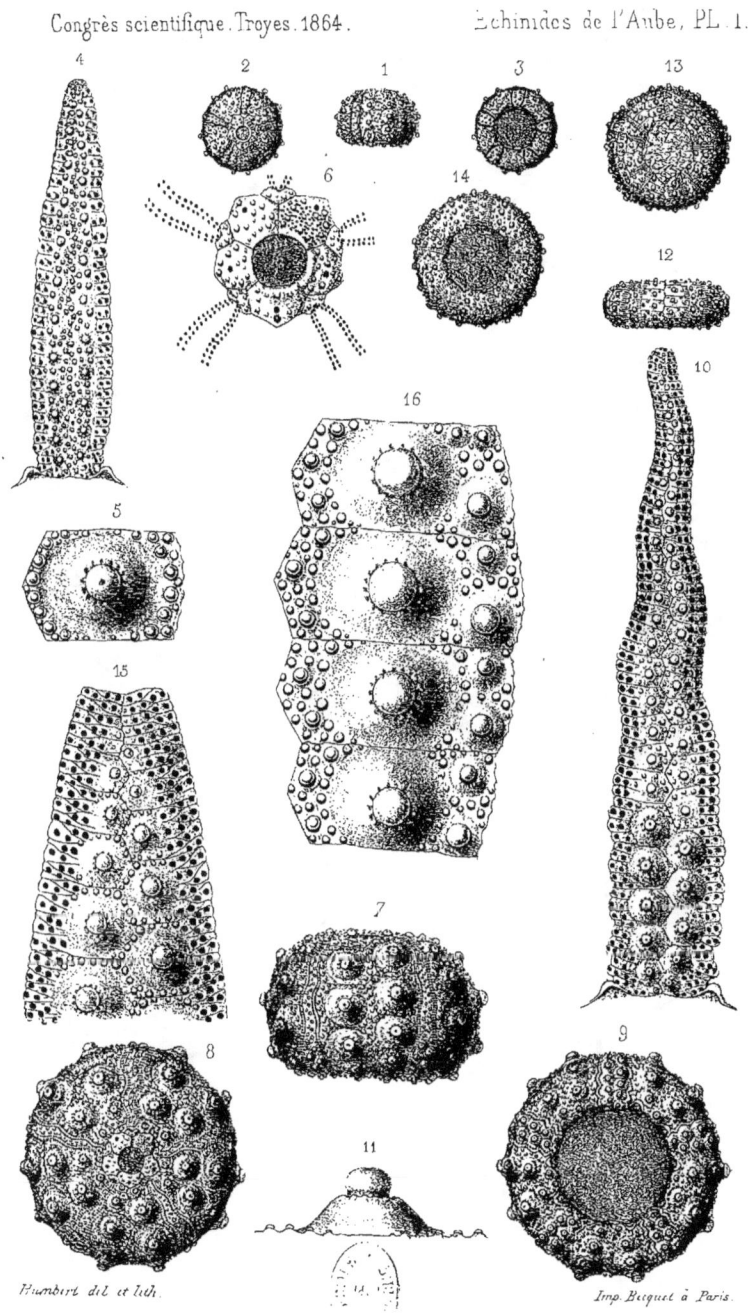

Humbert del et lith.

Imp. Becquet à Paris.

1 _ 6. Hemicidaris pisum . Cotteau .

7 _ 11. H_____ . Leymeriei . Cotteau .

12 _ 15. Cyphosoma supra - corallinum . Cotteau .

www.ingramcontent.com/pod-product-compliance
Lightning Source LLC
Chambersburg PA
CBHW060444260626
47161CB00005B/2056